U0513659

孝經文獻叢刊 第一輯

曾振宇　江曦　主編

孝經義疏補

【清】阮福　撰　江曦　整理

上海古籍出版社

山東大學儒家文明省部共建協同創新中心研究成果
曾子研究院研究成果
山東省「泰山學者」建設工程研究成果
山東大學曾子研究所研究成果
國家古籍整理出版專項經費資助項目

序

孝是儒家核心觀念之一。在甲骨卜辭中,「孝」字已被用作人名與地名。此外,甲骨卜辭中還出現了「考」與「老」字,「考」「老」「孝」三字相通,金文也是如此。朱芳圃《甲骨學文字編》注云:「古老、考、孝本通,金文同。」

根據《史記》與《漢書》記載,《孝經》一書與孔子和曾子倆人有直接的關係。曾子是孔子孝道的直接傳承者,《漢書·藝文志》説:「《孝經》者,孔子爲曾子陳孝道也。」根據錢穆先生考證,曾子生卒年爲公元前五〇五年——前四三六年(此據錢穆《先秦諸子繫年》)。曾子父子同爲孔子弟子,但曾子入孔門的時間比較晚。曾子比孔子小四十六歲,在孔門弟子中年齡偏小。在孔子得意門生顔回去世之後,曾子成爲在道統上繼承與傳播孔子學説的主要代表人物。孔子對曾子也寄予了殷切希望,在先秦典籍中可以發現許許多多師徒之間的對話。譬如,《大戴禮記·主言》篇記録的全是孔子與曾子問答之語。在「孔子閒居,曾子侍」之時,曾子問:「敢問何謂主言?」「敢問不費不勞可以爲明乎?」「敢問何謂七教?」「敢問何謂三至?」此外,在《禮記》《孝經》中也可見到大量的師徒之間的問答。曾子在多年的學生生涯中,逐漸也摸索出了如何有針對性地向老師提問的訣竅:「君子學必由其業,問必以其序。問而不決,承間觀色而復之,雖不説亦不强争也。」(《大戴禮記·曾子立事》)孔子去世之後,曾子開始設帳講學、著書立説,廣泛傳播孔子學説。在儒學發展史上,正因爲曾子肩負傳道者的重任,在先秦典籍中存在大量孔子、曾子言詞非常近似的材料:

一、孔子説:「父在觀其志,父没觀其行。三年無改於父之道,可謂孝矣。」(《論語·學而》)

曾子説:「吾聞諸夫子:孟莊子之孝也,其他可能也,其不改父之臣與父之政,是難能也。」(《論語·子張》)

二、孔子説:「後生可畏,焉知來者之不如今也?四十、五十而無聞焉,斯亦不足畏也已。」(《論語·子罕》)

曾子説:「三十、四十之間而無藝,即無藝矣;五十而不以善聞矣;七十而無德,雖有微過,亦可以勉矣。」(《大戴禮記·曾子立事》)

三、孔子説：「生，事之以禮；死，葬之以禮，祭之以禮。」(《論語·爲政》)

曾子説：「生，事之以禮；死，葬之以禮，祭之以禮：可謂孝矣。」(《孟子·滕文公上》)

語言文字上的相似與雷同，恰恰間接證明曾子在儒家文化轉變流傳過程中的重要地位。恰如二程所論：「孔子没，傳孔子之道者，曾子而已。曾子傳之子思，子思傳之孟子，孟子死，不得其傳，至孟子而聖人之道益尊。」從漢代開始，《孝經》已成爲童蒙讀本，影響日深。東漢文學家崔寔《四民月令》嘗言：冬季之時，家家户户幼童在家裏誦讀《孝經》《論語》等啓蒙教材。

在中國古代文化史上，《孝經》最早稱「經」。但《孝經》之「經」，有别於「六經」意義上的「經」。《白虎通》云：「經，常也。」因此，《孝經》之「經」，指的是孝觀念蘊含的「大道」「大法」。「夫孝，德之本也，教之所由生也。」(《孝經·開宗明義章》)在孔孟思想體系中，仁是全德，位階高於其他德目。但是，在《孝經》思想體系中，孝已經取代仁，上升爲道德的本源。孝是「至德要道」(《孝經·開宗明義章》)，鄭玄注點明：所謂「至德要道」就是「孝悌」。不僅如此，《孝經》一書最大的亮點在於：作者力圖從形上學的高度，將孝論證爲本體。「夫孝，天之經也，地之義也，民之行也。天地之經，而民是則之。」（《孝經·三才章》）「經」與「義」含義相同，都是指天地自然恒常不變的法則、規律。《大戴禮記·曾子大孝》也有類似表述：「夫孝者，天下之大經也。」孝是天經地義，將「孝」論證爲宇宙本體，這是人類的人文表達，其實質是以德行、德性指代本體，猶如周濂溪用「誠」指代宇宙本體。需要進一步追問的是：孝是「天之經」「地之義」和「民之行」如何可能？如果作者不能從哲學上加以證明，這一結論的得出只不過是循環論證的獨斷論而已。令人遺憾的是，《孝經·三才章》並没有對此予以證明。《孝經·聖治章》的兩段話或許與孝何以是「民之行」有着一些内在邏輯關聯：「父子之道，天性也。」「天地之性，人爲貴。人之行，莫大於孝。孝莫大於嚴父，嚴父莫大於配天。」將人置放於「天地萬物一體」思維框架中討論，這是儒家一以貫之的思維模式，從孔子到孟子、董仲舒、二程、朱熹、王陽明，概莫能外。從「天性」探討父子之道，意味着不再局限於從道德視域論説道德，而是上升到哲學的高度論説道德。孝不再是道德論層面的觀念，而是倫理學層面的範疇，甚至已成爲宇宙論層面的本體。孔子當年説「仁者安仁」，以仁爲安，意味着以仁爲樂，情感的背後已隱伏人性的色彩。徐復觀甚至認爲，孔子的人性論可以歸納爲「人性仁」。《孝經》作者也從人性論高度證明孝存在正當性，在邏輯上與孔子的思路有所相近。爲何「人之行，莫大於孝」？明代吕維祺對此有所詮釋：「此因曾子之贊而推言之，以明本孝立教之義。曾子平日以報身爲孝，不知孝之通於天下，其大如此，故極贊之。而孔子言民性之孝，原於天地。天以生物覆幬爲常，故曰經也。地以承順利物爲宜，故曰義。得天之性爲慈愛，得地之性爲恭順，即此是孝，乃民之所當躬行者，故曰民之行。」（吕維祺《孝經大全》卷七）天地自然之性與人之性同出一源，相互貫通。天的德性是「慈愛」，地的德性是「恭順」，天地之性統合起來在人性的實現，表現爲「孝」。

雖然在對於孝何以是「天之經」「地之義」的證明過程付諸闕如，但漢代董仲舒對此有所證明，或許可以看作對《孝經》作者未竟事業的「自己講」。董仲舒認爲人與物相比較，具有兩大特點：一是偶天地，二是具有先驗的道德情感。道德觀念的産生並非人類社會發展到一定階段的精神産物，道德觀念源出於天：「何謂本？曰：天地人，萬物之本也。天生之，地養之，人成之。天生之以孝悌，地養之以衣食，人成之以禮樂，三者相爲手足，合以成體，不可一無也。無孝悌則亡其所以生，無衣食則亡其所以養，無禮樂則亡其所以成也。」孝是人之所以爲人的本質所在，孝屬於「天生」，近似於萊布尼茨的「先定和諧」。

董仲舒在《立元神》一文又將孝稱之爲「天本」「地本」和「人本」：「舉顯孝悌，表異孝行」是「奉天本」；「墾草殖穀」，豐衣足食，是「奉地本」；「修孝悌敬讓」，是「奉人本」。在可感的經驗世界之上，孝存在着一個超越的、形而上的本源。人倫之孝只不過是宇宙本體之德在人的落實。「爲生不能爲人，爲人者天也。人之人本於天，天亦人之曾祖父也。此人之所以乃上類天也。人之形體，化天數而成；人之血氣，化天志而仁；人之德行，化天理而義。」從「天生」「天本」「天理」過渡到「人之德行」，在董仲舒思想中不是一個只有結論而無中間論證過程的獨斷論命題，董仲舒從陰陽五行理論進行了論證。《易傳》嘗言「一陰一陽之謂道」，董仲舒繼而用陰陽學説來闡釋倫理道德觀念的正當性。「王道之三綱，可求於天」。陰陽之道包含兩個方面的内涵：

其一，陰陽相合，「陰者陽之合，妻者夫之合，子者父之合，臣者君之合，物莫無合，而合各有陰陽」。父子之合源自陰陽之合，父子關係由此獲得了存在神聖性。

其二，陰陽相兼，「陽兼於陰，陰兼於陽，夫兼於妻，妻兼於夫，父兼於子，子兼於父，君兼於臣，臣兼於君。君臣、父子、夫婦之義，皆取諸陰陽之道」。陰陽之氣互含互融，陰中有陽，陽中有陰。因此，父子之義不可變易。

在用陰陽理論論證基礎上，董仲舒進而側重從五行理論闡釋孝由「天生」如何可能。「木，五行之始也；水，五行之終也；土，五行之中也。此其天次之序也。木生火，火生土，土生金，金生水，水生木，此其父子也。」五行並不單純地指稱宇宙論意義上的五種元素，實際上它還蘊涵更多的人文意義。五行就是五種德行，而且這種德行是先在性的。「故五行者，乃孝子忠臣之行也」。具體就父子關係而言，孝存在的正當性何在呢？河間獻王問董仲舒：《孝經》説「夫孝，天之經，地之義」，這一結論是如何得出的？董仲舒回答：「天有五行，木火土金水是也。木生火，火生土，土生金，金生水。水爲冬，金爲秋，土爲季夏，火爲夏，木爲春。春主生，夏主長，季夏主養，秋主收，冬主藏。藏，冬之所成也。是故父之所生，其子長之；父之所長，其子養之；父之所養，其子成之。諸父所爲，其子皆奉承而續行之，不敢不致如父之意，盡爲人之道也。故五行者，五行也。由此觀之，父授之，子受之，乃天之道也。故曰：夫孝者，天之經也。此之謂也。」木與火、火與土、土與金、金與水、水與木之間，都存在父子之道。五行之間的相生是動態的、周轉的，這就意味着木火土金水五行都含有孝德。「生之」「長之」「養之」與「成之」，也都是周轉循環的，其間既蘊含自然之理，又涵攝父子之道。

何謂「地之義」？董仲舒解釋説：「地出雲爲雨，起氣爲風。風雨者，地之所爲。地不敢有其功名，必上之於天。命若從天氣者，故曰天風天雨也，莫曰地風地雨也。勤勞在地，名一歸於天。非至有義，其孰能行此？故下事上，如地事天也，可謂大忠矣。土者，火之子也。五行莫貴於土。土之於四時無所命者，不與火分功名。……忠臣之義，孝子之行，取之土。……此謂孝者地之義也。」在五行之中，董仲舒尤其重視土德，土被冠以「天潤」美名，其中緣由在於土德是孝德之本源。土是火之子，土生萬物而不爭功，將功名歸之於天。因此，土有孝之德，所以「孝子之行」源自土德。因循董仲舒這一思維模式，父子之間的諸多道德規範似乎可以得到圓融無礙的詮釋：

子女爲何要孝敬父母？「法夏養長木，此火養母也。」

父子之間爲何要親親相隱？「法木之藏火也。」

子女爲何應諫親？「子之諫父，法火以揉木也。」

子爲何應順於父？「法地順天也。」

漢以孝治天下，何法？「臣聞之於師曰：『漢爲火德，火生於木，木盛於火，故其德爲孝，其象在《周易》之《離》。』夫在地爲火，在天爲日。在天者用其精，在地者用其形。夏則火王，其精在天，温暖之氣，養生百木，是其孝也。冬時則廢，其形在地，酷熱之氣，焚燒山林，是其不孝也。故漢制使天下誦《孝經》，選吏舉孝廉。」

董仲舒從陰陽五行證明孝德存在正當性，實質是證明孝存在一個形而上的宇宙本體論根據。宇宙間存在着大德，這一宇宙精神就是孝。孝既然源起於天，是「天之道」在人類社會的實現。那麽，如何協調天人之道，人之道如何遵循天之道而行，就成爲人類自身必須正確認識與處理的現實問題。董仲舒在《治水五行》與《五行變救》中探索了這一問題，他認爲，在「土用事」的七十二天中，人事應該循土德而行，「土用事，則養長老，存幼孤，矜寡獨，賜孝弟，施恩澤，無興土功」。實際上，在倫理道德層面「法天而行」，已不再是一個「是否可能」的哲學認識論問題，而是一個形而下的、勢在必行的社會現實問題。按照董仲舒天人感應的宇宙模式理論，地震、洪水、日月之食從來就不是一個單純的自然現象，而是賦予了衆多的人文意義。譬如，狂風暴雨不止，五穀不收，其原因在於「不敬父兄」。諸如此類的自然災害是天之「譴告」，是「天」以其獨具一格的形式警告統治者。因此，如何改弦更張，使人之道完整無損地循天之道而行，成爲人類自我救贖的唯一出路：

「救之者，省宫室，去雕文，舉孝悌，恤黎元。」

迨至南宋，楊簡弟子錢時繼而從「心即理」的哲學立場出發，對《孝經》「夫孝，天之經也，地之義也，民之行也」作了獨到的闡釋，思路與董仲舒不一樣。錢時認爲，天、地與人存在一個共同的、相通的「大心」，此心在天爲「經」，在地爲「義」，在人爲「孝」。「夫人但知善父母爲孝，安知天之所謂經者，即此孝乎？安知地之所謂義者，即此孝乎？……在天曰經，在地曰義，在民曰行，一也，無二致也。」（錢時《融堂四書管見》）天經、地義和民行，源起於一個共同的宇宙精神；天之心、地之心，就是袪除「私欲」之後澄明虚靈的本體心——「吾心」。三者相互貫通，本無二致。在人而言，「發明本心」是不學而知的良知良能。「吾心」與天地之心相融通，人有責任揭示與宣明天地之心的本質與意義。在「揭示」與「宣明」的過程中，人自身存在的意義也得到挺立。

錢時的思想源自陸象山，「心」才是哲學本體，孝只不過是心在人性的安頓。换言之，孝是心的分殊，而非本源。《孝經》作者、董仲舒和錢時三人，時代不一、哲學立足點有異。但是，三人所得出的結論又有異曲同工之處：對孝何以可能的探索，力圖超越可感世界的經驗歸納，嘗試超越就道德言道德的思維藩籬，力圖發展到從存在論和意義論高度去論證孝的本質。

《孝經》在漢代已形成三種重要的版本：其一，顔芝之子顔貞將家藏《孝經》獻給河間獻王，河間獻王繼而獻給朝廷。《孝經》文字爲戰國古文，時人以今文讀之，史稱今文《孝經》，即顔芝藏今文《孝經》本。其二，漢武帝時，魯恭王「壞孔子宅」，在牆壁中得古文《孝經》，史稱孔壁藏古文《孝經》本。其三，西漢末年，劉向以顔芝藏《今文孝經》爲底本，比勘今古文《孝經》，「除其繁惑」，最終校定爲十八章。劉向所確定的十八章今文本，影響久遠，馬融、鄭玄、唐玄宗等人注《孝經》，皆採用這一版本。

近年來，隨着古籍整理事業的發展，《孝經》類文獻的整理工作亦有很多新成果，如二〇一一年廣陵書社出版了《孝經文獻集成》，影印《孝經》文獻近百種。但是受制於《孝經》的篇幅，《孝經》類文獻大多部頭較小，難以單獨成册刊印，這在很大程度上制約了點校整理工作。我們編纂《孝經文獻叢刊》，選取較爲重要的《孝經》類文獻進行點校整理，把篇幅較小者匯輯成册，按照時代分爲「《孝經》古注説」「《孝經》宋元明人注説」「《孝經》清人注説」，以期彌補《孝經》文獻整理不足的缺憾，爲學術研究提供更爲準確易讀的文本。我們的選目，考慮到了目前《孝經》類文獻整理情況，如比較重要的《孝經注疏》，已經有多種點校本，我們「《孝經》清人注説」收録的《孝經義疏補》中亦全文鈔録，故未予選入。明代吕維祺的《孝經大全》、黄道周的《孝經集傳》，清代皮錫瑞的《孝經鄭注疏》等，或收在叢書，或録在全集，或獨自單行，近年皆有了整理本，故暫未予選入。本次出版，是《孝經文獻叢刊》的第一批整理成果，後續將有《孝經文獻總目》《孝經民國人注説》《孝經著述序跋彙編》等陸續整理出版。由於水平所限，我們的選目或有疏漏，點校亦難免有訛誤，尚乞讀者教正。

曾振宇　江曦

二〇二〇年九月十六日

整理説明

《孝經義疏補》(以下簡稱《義疏補》)九卷首一卷,清阮福撰。阮福字賜卿,號喜齋,江蘇儀徵人,生於清嘉慶六年(一八〇一),卒於光緒四年(一八七八),阮元次子。除此書外,阮福尚著有《滇南金石録》《歸里詩草》《魚聽軒詩草》《小嫏嬛詩文草》《小嫏嬛仙館詩草》《小嫏嬛主晚年詩稿》《滇筆》《文筆考》各一卷、《揅經堂訓子文筆》二卷,輯有《楚北武闈監院煎茶詩》《珠江送别詩》《廣西庚辰三元詩事》各一卷,又曾參與《皇清經解》的編刻和《揅經室外集》《四庫未收書提要》的編纂工作。

《義疏補》爲阮福受父命而作,其自序云:「福早受庭訓,讀家大人所著《曾子十篇注釋》,與《孝經》相爲表裏。家大人教福曰:『汝試撰《孝經義疏補》一書。』」道光六年(一八二六),阮元由兩廣總督調任雲貴總督,阮福隨侍。道光八年,「福撰《孝經義疏補》成。福到滇後,大人命撰此書,兩年以來,已成清稿。大人夏間回滇,閲郊祀、宗祀之所補,斥皆陳言俗解,復指訓,以爲《孝經》『郊祀』即《召誥》之『用牲於郊』,《孝經》『宗祀』即《洛誥》之

『宗禮』『功宗』。福又引證各經，復謂《洛誥》之文祖即《虞書》之文祖，文祖即明堂以證之。至是，刊書爲十卷成」（《雷塘庵弟子記》道光八年）。可見，阮元對阮福撰寫《義疏補》作了很具體的指導。《義疏補》中引用阮元《曾子注釋》，「凡可以發明《孝經》，可以見孔、曾授受大義者，悉分補於各章句之下」；又有「家大人云」「《揅經室集》云」數十處。因此，《義疏補》可視爲阮氏父子共同的學術成果。

《義疏補》是對《孝經注疏》的校勘與補證之作。《孝經》唐明皇（即玄宗）御注，元行沖爲之疏，至宋邢昺據元疏重修，成《孝經注疏》九卷，爲《十三經注疏》之一。由於明皇之注有改經之弊，後世學者頗有微詞，對《孝經注疏》進行全面研究之著述亦尟。洎乎清代，阮元廣稽衆本，對《孝經注疏》進行了全面校勘，成《孝經注疏校勘記》。阮福《義疏補》在《校勘記》基礎上，對《孝經注疏》作了進一步校勘，并旁徵博引，對《注疏》進行補證。

《義疏補》卷首録陸德明《經典釋文敍録》「《孝經》注解傳述人」、傅注與邢昺《孝經注疏序》、唐明皇《孝經序》及元疏。其下九卷爲對《孝經》十八章的校補。每篇先列經文和唐明皇注；次列音義；次補，校勘經、注之文字；次列元疏；最後爲補，校勘疏字，并對疏文進行補證。

《義疏補》對《孝經注疏》的經、注、疏和陸德明《釋文》中脱、衍、誤、倒的文字作了全面校勘。其底本爲明正德本，即阮刻所據之本，參校了石臺《孝經》、開成石經、清乾隆翻刻元相臺岳氏本、明嘉靖李元陽本、萬曆北監本、崇禎毛氏汲古閣本等，利用了《藝文類聚》《文苑英華》等類書總集，還參考了阮元《孝經注疏校勘記》及浦鏜、盧文弨、臧庸、顧廣圻、嚴可均、段玉裁、陳鱣等人的校勘成果。

在校勘文字的基礎上，《義疏補》還對《孝經注疏》的注、疏進行了考辨補證，并折中舊説，提出己意。如《卿大夫章》「口無擇言，身無擇行」之「擇」字，注、疏皆以之爲選擇之擇，阮氏則認爲「口無擇言，身無擇行，二『擇』字當讀爲厭斁之『斁』」，并舉《詩經》「在此無斁」「古之人無斁」鄭氏箋以證之，否定了注疏之説。有理有據，是爲創説。周中孚《鄭堂讀書記》稱《義疏補》：「古籍可發明《孝經》者，多引證之，兼下己意，俾無賸義。」「雖曰補疏，而實與疏全經者無異矣。」

《義疏補》注重考據，爲彰顯經書漢唐舊注之作，力圖通過考釋文字闡發《孝經》古義。王懿榮在清光緒間曾上疏，希望表揚清代樸學家的經注，其云：「自乾隆以來，至於今日，海内經學各有當家，剖析條流，發起隱漏，十三經説粲然將備，折衷求是，遠邁漢唐。」（《王文敏公遺集》卷二《臚陳本朝儒臣所撰十三經疏義請列學宫疏》）其所列《孝經》之注，唯阮福此書。《書目答問》列清人解説《孝經》者五家，阮福此書在焉。曹元弼《孝經學》稱：「阮氏福《孝經義疏補》所引古説，於學者身心頗多裨益，不可以其淺而忽之。」對此書之價值作了較爲中肯的評價。

當然，《義疏補》亦有不足之處，清人鍾文烝撰《孝經義疏補訂補》一書（今復旦大學藏王欣夫過録本），對阮書進行了訂補，鍾氏云：「阮氏家法以平實精詳爲主，所補大致皆好，而蕪贅太多，疏謬亦所不免。」（見王欣夫《蛾術軒篋存善本書録》）

阮福此書撰成之後，於道光九年刻入《皇清經解》中。同年，又刻於雲南。道光十四年阮孔厚再刻於雲南（此本爲《文選樓叢書》收録）。《皇清經解》本一卷，題「孝經義疏」，只有阮福校補内容，不録《孝經注疏》。道光九年刻本，扉頁題「道光九年春喜齋栞」，末有「道光九年十月刊畢」一行。道光十四年刻本扉頁亦題「道光九年春喜齋栞」，然末有阮孔厚識語云：「此書道光九年刊於滇，字蹟不整齊，數年以來，仲兄又少有增訂之處。十四年，兄屬孔厚再刊於滇。季弟孔厚識。」《續修四庫全書》影印本末有阮孔厚識語，但著録爲據道光九年春喜齋刻本影印，誤。

三個刻本内容多寡不同，道光九年刻本多於《皇清經解》本，道光十四年本又多於道光九年本，反映了阮福此書不斷修訂的過程。如卷二《諸侯章》補，道光九年刻本較道光十四年刻本缺少「又案隸釋修堯廟碑高如不危滿如不溢借如爲而」二十字，而《皇清經解》本較道光九年刻本又闕「然後能保其社稷」至「引孝經注社謂后土」一百零八字。另外，道光十四年刻本較道光九年本、《皇清經解》本亦有删節，主要是行文中精簡引文，如卷首「《孝經》注解傳述人」道光九年刻本「并引《孝經》文『孝悌之至，通於神明，光於四海，無所不通。《詩》云：自西自東，自南自北，無思不服』」一段，道光十四年刻本精簡爲：「并引《孝經》經文『孝悌之至』三十字。」删去「通於神明」等二十六字。道光九年刻本刻板較爲精美，文字亦較道光十四年刻本和《皇清經解》本爲優，如卷首「述夫子之志，而注《孝經》」，「注」，道光十四年本誤爲「著」；「今據《隋書》改」，「隋」，道光十四年刻本誤爲「隨」，道光九年本皆不誤。

此次整理點校，我們以内容更爲完足的道光十四年刻本爲底本，以道光九年刻本爲校本，以《皇清經解》本爲參校本。由於《孝經義疏補》全文收録了《孝經注疏》，我們亦參校了《孝經注疏》（用元泰定刻本）。《義疏補》另有稿本，藏於北京大學圖書館。該館稱此本書況太差，亟需修復保護，不能借閱，將來可否閲覽，何時方可閲覽，皆不可定。然項目結項在即，不得已，未能以此稿本校勘。若有朝一日此稿本可閲覽，當通校一過。本次整理，文本對校由歐陽柳、肖吟完成。由於水平所限，點校訛誤在所難免，尚祈讀者教正。

點校者

二〇一九年五月十日

目録

孝經義疏補序

《孝經》者，孔子教五等之孝，維持家國天下者也。家大人言：孔子作《春秋》，以帝王大法，治之於已事之後；孔子傳《孝經》，以帝王大道，順之於未事之前，此即發明孔子所言「吾志在《春秋》，行在《孝經》」之微言大義也。福早受庭訓，讀家大人所著《曾子十篇注釋》，與《孝經》相爲表裏。家大人教福曰：「汝試撰《孝經義疏補》一書。」福謹以《曾子十篇》中凡可以發明《孝經》，可以見孔、曾授受大義者，悉分補於各章句之下。今《孝經》注，爲唐明皇所删之鄭注，而鄭注半存其中，爰定鄭注爲鄭小同。唐以前書，凡可見鄭氏舊注者，今皆補之。陸氏《音義》尚可見鄭注舊字舊義，但又多爲唐疏宋校時所删，今全據《經典釋文·孝經音義》載入，以存鄭氏舊觀，且疏證之。古籍可發明《孝經》者，自魏文侯《孝經傳》以下，多引證之。偶下己意，不敢自是，皆就訓於家大人，而後著之。家大人謂《孝經》之「郊祀」，即《召誥》之「用牲於郊」；《孝經》之「宗祀」，即《洛誥》之「宗禮」「功宗」。福又備引各經，推明此義，謂《洛誥》之「文祖」即《孝經》之「明堂以著之」。此本以正德板本爲主，所有脱誤之字，據《孝經注疏挍勘記》，於注、疏、音義各章句下補之。滇池節院，園居多暇，道光九年，撰集既成，遂寫定爲九卷，又卷首序目一卷，共十卷。揚州阮福謹序。

孝經義疏補卷首

揚州阮福

孝經注解傳述人

唐國子博士兼太子中允贈齊州刺史吴縣開國男陸德明録

《孝經》者，孔子爲弟子曾參説孝道，因明天子庶人五等之孝，事親之法。亦遭焚燼，河間人顔芝，爲秦禁藏之。漢氏尊學，芝子貞出之，是爲今文。長孫氏、博士江翁、少府后蒼、諫大夫翼奉、安昌侯張禹傳之，各自名家，凡十八章。又有古文，出於孔氏壁中，補 陸氏所謂「古文出於孔氏壁中」者，本於《漢書・藝文志》。《藝文志》曰：「古文《尚書》者，出孔子壁中。武帝末，魯恭王壞孔子宅，欲以廣其宫，而得古文《尚書》及《禮記》《論語》《孝經》。孔安國悉得其書，以古文《尚書》獻之。」福案：安國未獻《孝經》，至孝昭帝時，始爲魯國三老所獻。何以明之？漢許沖爲其父慎上

《説文》表云「慎又學《孝經》孔氏古文説，古文《孝經》者，孝昭帝時魯國三老所獻，建武時，給事中議郎衛宏所校。皆口傳，官無其説，謹撰具一篇并上」等語。據此，是漢許沖受之於其父慎，慎又傳之自衛宏。此是最真之古文《孝經》，非劉知幾所主之古文孔傳，惜今失其傳矣。別有《閨門》一章，自餘分析十八章，總爲二十二章，孔安國作傳。劉向校書，定爲十八。後漢馬融，亦作《古文孝經傳》，而世不傳。補《四庫書目提要・孝經類》云：「《孝經》有今文、古文二[一]本。今文稱鄭玄注，其説傳自荀昶，而《鄭志》不載其名。古文稱孔安國注，其書出自劉炫，而《隋書》已言其僞。至唐開元七年三月，詔令羣儒質定，右庶子劉知幾主古文，立十二驗以駮鄭；國子祭酒司馬貞主今文，摘《閨門章》文句凡鄙，《庶人章》割裂舊文，妄加『子曰』字及注中『脱衣就功』諸語以駮孔。其文具載《唐會要》中。厥後今文行而古文廢。元熊[二]禾作董鼎《孝經大義》序，遂謂貞去《閨門》一章，卒啓玄宗無禮無度之禍。明孫本作《孝經辨疑》，併謂貞削《閨門》一章，乃爲國諱；

[一]「二」原作「一」，據道光九年刻本改。
[二]「熊」原作「戎」，據《孝經大義》改。

夫削《閨門》一章，遂啓幸蜀之衅。使當時行用古文，果無天寶之亂乎？《閨門章》二十四字，絕與武、韋不相涉，指爲避諱，不知所避何諱也。況知幾與貞，兩議竝上，《會要》載當時之詔，乃鄭依舊行用，孔注傳習者稀，亦存繼絕之典。是未因知幾而廢鄭，亦未因貞而廢孔。迨時閱三年，乃有御注，太學刻石，署名者三十六人，貞不預列。御注既行，孔、鄭兩家遂併廢，亦未聞貞更建議廢孔也。禾等徒以朱子《刊誤》偶用古文，遂以不用古文爲大罪。又不能知唐時典故，徒聞《中興書目》有『議者排毁，古文遂廢』之語，遂沿其誤說，憒憒然歸罪於貞。不知以注而論，則孔佚鄭亦佚。孔佚罪貞，鄭佚又罪誰乎？以經而論，則鄭存孔亦存。古文竝未因貞一議亡也，貞又何罪焉？今詳考源流，明今文之立，自玄宗此注始。玄宗此注之立，自宋詔邢昺等修此疏始。衆說喧呶，皆揣摩影響之談，置之不論不議可矣。」福案：《唐會典》令竝行孔鄭，詔曰：「朕以全經道喪，大義久乖，淳感之性浸微，流遁之源未息。是用旁求廢簡，遠及闕文，欲使發揮異說，同歸善道，永惟一致之用，以開百行之端。閒者諸儒所傳，頗乖通義。敦孔學者，冀鄭門之息滅；尚今文者，指古傳爲誣僞。豈朝廷竝列書府，以廣儒術之心乎？況孔、鄭大宗，固多殊趣，諸生會議，曾無所申，而推求小疵，其細已甚，聚訟之訛，人無則焉。其何、鄭二家，可令仍舊行用。王、孔所注，傳習者稀，宜存繼絶之典，頗加奬飾。」世所行鄭注，相承以爲鄭玄。案《鄭志》及《中經簿》無，唯中朝穆帝《集講孝經》，云以鄭玄爲主。檢《孝經注》，與康成注五經不同，未詳是非。江左中興，《孝經》《論語》共立鄭氏博士一人。古文《孝經》世既不行，今隨俗用鄭注十八章本。孔安國、馬融、鄭衆、鄭玄、王肅、蘇林、字孝友，陳留人，魏散騎常侍。何晏〔一〕、字平叔，南陽人，魏吏部尚書，駙馬都尉，關内侯。劉邵、字孔才，廣平人，魏光禄勳，一云劉熙。韋昭、字宏嗣，吴郡人，吴侍中，領左國史、高陵亭侯，爲晉諱，改爲曜。徐整、謝萬、孫氏、不詳何人。楊泓、天水人，東晉給事中。袁宏、字彦伯，陳郡人，東晉東陽太守。虞槃佑、字宏猷，高平人，東晉處士。庾氏、不詳何人。殷仲文、陳郡人，東晉東陽太守。車胤、字武子，南平人，東晉丹陽尹。荀昶、字茂祖，潁川人，宋中書郎。孔光、字文泰，東莞人。何承天、東海人，宋廷尉卿。釋慧琳、秦郡人，宋世沙門。王玄載、字彦運，下邳人，齊光禄大夫。明僧紹，右竝注《孝

〔一〕「晏」原作「宴」，據道光九年刻本改。

經》。皇侃撰《義疏》。先儒無爲音者。【補】此是陸德明《經典釋文》卷首《敘録·注解傳述人》，傳《孝經》之學。《孝經》之有音義者，自唐陸德明始。福案：聖人以孝名經，以經傳孝者何也？《説文》云：「孝，善事父母者。从老省从子，子承老也。」《爾雅·釋訓》云：「善父母爲孝。」又《釋名》引《孝經説》曰：「孝，畜也，畜養也。」此漢人所見《孝經》古説也。「孝」字首見於諸經者，莫古於《虞書》「克諧以孝」。此字造於黄帝時，而堯舜更重之，堯之傳舜，首以孝重，此真堯舜相傳之道，實有憑據，非空言傳道也。又案「經」字，《説文》云：「經，織從絲也。」《漢書·五行志》及《司馬遷傳》注皆云：「經，常法也。」《大戴禮》曰：「南北曰經。」是聖人以孝，固如織之有從絲曰經，亦謂天下古今，當奉之爲常法，循之爲大道，故曰經。至於以經爲書之名目，實自《孝經》始。此名目又自本經《三才章》「夫孝，天之經也」之「經」字出矣。古書《易》《書》《詩》《禮》《春秋》當孔子時，竝無五經之名，惟此書言孝道，則肇名曰「經」，是孔子自名之也。然則後世各書名「經」者，皆以此爲始。道、釋二氏之名「經」，皆襲自儒「經」也。《史記·老子傳》但云：「迺著書上下篇，言道德之意〔一〕五

〔一〕「意」上原有「義」字，據《史記》删。

千餘言。」亦未名「經」。然「經」亦可稱「傳」，古人引書，一切皆可稱曰「傳」，如《孟子·梁惠王》兩見「於傳有之」。是以《漢書·翟方進傳》，成帝册書云：「傳曰：『高而不危，所以長守貴也。』」據此是稱《孝經》爲「傳」。又云，方進上疏乞骸骨，「上報曰：『傳不云乎，朝過夕改。』」是又稱《論語》爲「傳」矣。以此可證「經」亦稱「傳」之義也，非《孝經》古不稱「經」也。《孝經》早行於周秦之閒，故蔡邕《明堂月令論》引魏文侯《孝經傳》并引《孝經》經文「孝悌之至」三十字。《續漢書·祭祀志》注亦引魏文侯《傳》曰：「太學者，中學明堂之位也。」又《吕氏春秋·先識覽》引《諸侯章》「高而不危，所以長守貴也」三十八字。不但此也，《禮記·經解》即引孔子曰「安上治民，莫善於禮」八字，是《孝經》文也。迄秦火後，復出於顔芝之手，顔貞、長孫氏、江翁、后蒼、翼奉、張禹諸儒遞傳，鑿然可據。且《史記》魏文侯受子夏經義，文侯爲《孝經傳》，此乃《孝經》百家傳、注、義疏之祖。陸德明歷陳兩漢傳述之人，而未及子夏、魏文侯，是爲遺漏。宋時汪應辰、胡宏，竝《吕覽》《明堂論》亦未寓目，而疑《孝經》有僞，何其妄也。陸氏《釋文》所釋者，乃鄭注今文，故首出「鄭氏」二大字，注云「相承解爲鄭玄」。福案：《孝經》相傳爲鄭玄注，陸澄辨以爲非，有十二驗，言之甚詳，其非康成所注無疑。然既曰鄭氏，則必有其人，決非空署姓氏。今考宋王應麟《困學紀聞》《玉海》始引《國史志》，謂注《孝經》之鄭氏，爲鄭小同； 唐劉肅《大唐新語》始謂序鄭注者，爲康成裔孫。 此三書確有可據。 福案：《後漢書・鄭玄傳》云：「會黄巾寇青〔一〕部，乃避地徐州。」「建安元年，自徐州還高密。」「玄後嘗疾篤，自慮，以書戒子益恩曰：『吾家舊貧，去厮役之吏，遊學周秦之都，往來幽并兖〔二〕豫之域，遂博稽六藝，麤覽傳記，時覩祕書、緯説之奥。 入此歲來，已七十矣。 案之禮典，便合〔三〕傳家。 家事大小，汝一承之。 所好羣書，悉皆腐敗，不得於禮堂寫定，傳與其人。』」《傳》又云：「五年春，夢孔子告之曰：『起，起，今年歲在辰，來年歲在巳。』其年六月卒，年七十四。」據此，康成家舊貧，而幼去厮役之吏，自遊學，始爲通儒，其先世固無講學者，即子益恩，亦但傳以家事，不聞傳學。 且羣書不得寫定傳與其人，其人，是指他人，更非益恩可知。《傳》又云：孔融在北海，爲黄巾所圍，益恩赴難隕身，有遺腹子。 玄以其手文似己，名之曰小同。 據此，康成戒益恩書，在七十歲時。 康成卒年七十四，爲建安五年庚辰。 小同爲遺腹子，名爲康成所命，是益恩

〔一〕「青」原作「奇」，據《後漢書》改。
〔二〕「兖」原作「燕」，據《後漢書》改。
〔三〕「便合」原作「合便」，據《後漢書》乙。

卒在康成之前，其未傳學更顯矣。范書傳雖云凡玄所注，內有《孝經》，然謝承書載玄所注，不言《孝經》也。《三國・魏志・高貴鄉公傳》稱「關內侯鄭小同，温恭孝友，帥禮不忒」，以爲五更。又《魏名臣奏》載太尉華歆表曰：「文皇帝旌録先賢，拜玄適孫小同以爲郎中。小同年逾三十，少有令質，學綜六經，行著鄉邑，色養其親。」據此，是小同非但通經，且以孝聞。以此諸證推之，注《孝經》之鄭氏，當是小同無疑。小同注今没入唐注中，但其序文尚有廿八字，見唐劉肅《大唐新語》內，曰：「僕避難於南城山，棲遲巖石之下，念昔先人餘暇述夫子之志，而注[一]《孝經》。」劉肅斷之曰：「蓋康成胤孫[二]所作也。」福審此「胤孫」之言，實爲可據。然所謂僕者，自謂也。先人者，指小同也。若以爲指康成，則陸澄十二驗，已明非康成。若云益恩，則益恩無經術，然則非小同而誰？所謂避難者，當是小同之子孫，避難在魏晉之閒。劉肅惑於《十道志》，以此序避難南城山，即康成避難徐州，則猶以注《孝經》者爲康成矣。《三國志・高貴鄉公傳》，正元二年，小同爲侍中。計爲

[一] 「注」原作「著」，據道光九年刻本改。

[二] 「胤孫」原作「裔孫」，當爲避雍正諱而改，今據《大唐新語》改。下「福審此胤孫之言」同。

侍中時，年已五十餘，其年逾三十，學綜六經，則注《孝經》當在三十前後也。又《玉海》引鄭氏《孝經序》二十五字曰：「《孝經》者，三才之經緯，五行之綱紀。孝，爲百行之首。經者，至易之稱。」計陸氏《音義》皆是鄭注，《音義》内所出鄭氏注文五百八十六字；見於今唐明皇注内，爲元行沖、邢昺所留者六十三字，不見於今唐注内者五百二十三〔一〕字，可見唐注删鄭注者甚多。今鄭注被删者不可見，而尚有五百二十一字見於陸氏《音義》之中，片言隻字，皆是漢人所遺，亟可寶貴。福今全依《經典釋文》本，補録於音義之中，以見尚有典型。惟陸氏出字，大半皆是翦截而出，閒有成句可見義理者，如《三才章》「先之以敬讓，而民不争」，「若文王敬讓於朝，虞芮推畔於田，則下效之」，「師尹若冢宰之屬也」，尚可窺見一斑，其餘未敢牽綴衍助，以成文理。學者惟當就其可推測者推測之，則猶得見鄭氏之古義。至於鄭注之見引於各經正義，及《太平御覽》《文選注》等書内，而非明皇之注，曾經臧氏《鄭注輯解》所録，今亦備加采引，附於各章各句之下，以存鄭氏注之遺。至於唐注中，除《釋文》因鄭注已出之字之外，無多應出應加音義之字，可見唐注務翦舊注之繁，在

〔一〕「三」原作「二」，據道光九年刻本改。

唐亦無多新義也。又孫氏志祖云:「歸安丁氏杰,嘗語予以《孝經》鄭注,據《公羊·昭十五年》疏當是鄭偁,非康成,并非小同。志祖案《孝經》注果屬鄭偁,不應劉知幾、司馬貞輩皆懵然不辨,蓋自有鄭偁注《孝經》。觀徐彦疏,云與鄭偁同,與康成異,則偁與康成爲二家明矣。惜《隋書·經籍志》、陸德明《釋文》俱不載偁名氏。梁氏玉繩云,鄭偁爲魏侍中,有答魏武帝金輅之問,見《續後漢書·輿服志》注。又《魏志》延康元年注引《魏畧》言偁篤學大儒,爲武德侯叡傅。叡即魏明帝也,則偁是魏人。」福案:此又一鄭注,至於丁氏謂非小同,則未深考也。

孝經注疏序

成都府學主鄉貢傅注奉右撰

夫《孝經》者，孔子之所述作也。述作之旨者：昔聖人藴大聖德，生不偶時，適值周室衰微，王綱失墜，君臣僭亂，禮樂崩頽，居上位者賞罰不行，居下位者褒貶無作。孔子遂乃定禮樂，删《詩》《書》，讚《易》道，以明道德仁義之源；修《春秋》，以正君臣父子之法。又慮雖知其法，未知其行，遂説《孝經》一十八章，以明君臣父子之行所寄。知其法者，修其行；知其行者，謹其法。故《孝經緯》曰：「孔子云：欲觀我褒貶諸侯之志，在《春秋》；崇人倫之行，在《孝經》。」是知《孝經》雖居六籍之外，乃與《春秋》相爲表裏矣。先儒或云，夫子爲曾參所説，此未盡其指歸也。蓋曾子在七十弟子中孝行最著，孔子乃假立曾子爲請益問答之人，以廣明孝道。既説之後，乃屬與曾子。洎遭暴秦焚書，竝爲煨燼。漢膺天命，復闡微言。《孝經》河間顔芝所藏，因始傳之於世。

自西漢及魏，歷晉、宋、齊、梁，注解之者，迨及百家。至有唐之初，雖備存祕府，而簡編多有殘缺，傳行者唯孔安國、鄭康成兩家之注，并有梁博士皇侃《義疏》播於國序。然辭多紕繆，理昧精研。至唐玄宗朝，乃詔羣儒學官，俾其集議。是以劉子玄辨鄭注有十謬七惑，司馬堅斥孔注多鄙俚不經。其餘諸家注解，皆榮華其言，妄生穿鑿。明皇遂於先儒注中，採摭菁英，芟去煩亂，撮其義理允當者用爲注解。至天寶二年注成，頒行天下，仍自八分御札，勒於石碑，即今京兆石臺《孝經》是也。

補 秀水朱氏彝尊《經義考》云：「按孫奭序，或作『成都府學主鄉貢傅注奉右撰』。」福案：孫奭與邢昺同時，竝同校《孝經》，見邢昺本傳。《唐會要》載：開元十年六月，上注《孝經》，頒天下及國子學。天寶二年五月，上重注，亦頒天下。詔云：「化人成俗，率繇於德本；移忠教敬，實在於《孝經》。朕思暢微言以理天下，先爲注釋，尋亦頒行，猶恐至賾難明，羣疑未盡。近更探討，因而筆削，兼爲敘述，以究源流。將發明於大順，庶開悟於來學。宜付所司，頒行中外。」又云，天寶五載詔：「《孝經》

舊〔一〕疏，雖麤發明，未能該備；今更敷暢，以廣闕文，令集賢院寫頒中外。」據此，是《孝經》注與疏皆經再修，注在天寶二年重修，疏在五載重修也。《玄宗本紀》天寶三載十月，詔天下家藏《孝經》。是在重注之後一年，重疏之前二年。至於石臺《孝經》碑，李齊古表題天寶四載九月，是在重疏寫頒之前一年也。今碑在西安府學墨洞内，石高九尺，連蓋連臺，共高一丈五尺。四面，面廣五尺。前三面十八行，行五十五字。末一面，前七行與上同隸書，後半分上、下二截。上截是李齊古表文，小字九行，正書，批答三行，大字，行書。下截題名四列，額題「大唐開元天寶聖文神武皇帝注孝經臺」十六字，爲太子亨篆書。《舊唐書·經籍志》：《孝經》一卷，玄宗注。而趙明誠《金石録》載明皇注《孝經》四卷。陳振孫《直齋書録解題》亦稱家有此刻，爲四大軸。王氏昶《金石萃編》《石臺孝經》案云：「此碑爲四面環刻裱本，每面爲一卷也。」至於所稱「制旨」，及本經《庶人》《聖治》兩章疏引「制旨曰」云云，王氏案云：「《書録解題》：『明皇《孝經》注，《唐志》作《孝經制旨》。』考《新書·藝文志》『今上《孝經制旨》一卷』注『玄宗』二字，下又載元行沖《御注孝經疏》二卷。然則

〔一〕「舊」原作「書」，據《唐會要》《玉海》改。

《注》與《制旨》各自爲書，猶《隋書·經籍志》既有梁武帝《中庸講疏》一卷，又有《私記制旨中庸義》五卷也。邢昺疏於《庶人章》引《制旨》曰『嗟乎！孝之爲大，若天之不可逃也』云云。《聖治章》引《制旨》曰『夫人倫正性，在蒙幼之中』云云。其語甚詳。陳直齋未見《制旨》，則宋時其書已佚。然邢氏之疏，大半藍本元疏，此二條必因行沖之舊。行沖撰疏時，旁引《制旨》以申御注，尤非一書之證。《經義考》及《關中金石記》竝沿直齋之誤。」

孝經注疏序

翰林侍講學士朝請大夫守國子祭酒上柱
國賜紫金魚袋臣邢昺等奉敕校定注疏

《孝經》者，百行之宗，五教之要。自昔孔子述作，垂範將來，奥旨微言，已備解乎注疏。尚以辭高旨遠，後學難盡討論。今特翦截元疏，旁引諸書，分義錯經，會合歸趣，一依講説，次第解釋，號之爲講義也。

補 邢昺署銜，下言奉勅校定注疏，未直言邢昺疏。且序言「奥旨微言，已備解乎注疏」，又云「今特翦截元疏」，是邢昺但校定翦截元行沖疏，而雜以己意，名爲《講義》，並非攘元疏爲己疏。惟元之本疏，及邢所校定者，今無區别，是以後人但曰邢疏，而罕言元疏也。又案《唐書·元行沖傳》，玄宗自注《孝經》，詔行沖爲疏，立於學官。《宋史·邢昺傳》：咸平二年，始置翰林侍講學士，以昺爲之，受詔校定《周禮》《儀禮》《公羊》《穀梁》《春秋傳》《孝經》《論語》《爾雅》義疏，及成，並加階勳。又云：「昺在東宫及内庭，侍上講《孝經》《禮記》《論語》《書》《易》《詩》《左氏傳》，據傳疏敷引之外，多引時事爲喻，深被嘉獎。」

《元行沖傳》是明言奉詔爲疏，《邢昺傳》是明言奉詔校定，又言「據傳疏敷引」，據此，更可見邢實爲校定，并未爲疏。今本元疏、邢校合而爲一，原難分剖。但御製序前列唐明皇撰、宋邢昺校，卷一至卷九經文前列唐明皇御注、陸德明音義、宋邢昺校，是經内陰文「注」字是屬明皇，陰文「音義」二字是屬陸德明。陰文「疏」字自是屬元行沖，而行沖未列名。若屬邢昺，則列名又是「校」字，非「疏」字。檢《論語》《爾雅》每卷前，邢昺列名皆直寫「疏」字，此獨言「校」者，更可見矣。然此「疏」字究無著處，福今擅將「陸德明音義」下、「宋邢昺校」上，補增「元行沖疏」四字，以正唐儒之名。德明爲隋末唐初人，是《音義》在明皇注前，行沖爲明皇時人，故補列名當次於德明之後。至於元行沖亦必以皇侃爲本，固無從分別。且《隋書・經籍志》爲《孝經義疏》者，有梁武帝十八卷，簡文帝五卷，蕭子顯一卷，又趙景韶、徐孝克、何約之、王元規、何妥亦皆有義疏，今雖皆亡，然據此則又可知作義疏者非皇侃一人也。《唐書・陸元朗傳》：陸元朗，字德明，以字行，蘇州吴人，封吴縣男，卒。《元行沖傳》：元澹，字行沖，以字顯，後魏常山王素蓮之後，卒年七十七，贈禮部尚書，謚曰「獻」。《宋史・邢昺傳》：邢昺，字叔明，曹州濟陰人，卒年七十九，贈左僕射。

孝經義疏補

揚州阮福

孝經序

唐明皇撰　元行沖疏　宋邢昺校

御製序并注

疏《正義》曰：《孝經》者，孔子爲曾參陳孝道也。漢初，長孫氏、博士江翁、少府后蒼、諫大夫翼奉、安昌侯張禹傳之，各自名家。經文皆同，唯孔氏壁中古文爲異。至劉炫，遂以《古孝經》《庶人章》分爲二，《曾子敢問章》分爲三，又多《閨門》一章，凡二十二章。桓譚《新論》云：「《古孝經》千八百七十二字，今異者四百餘字。」孝者，事親之名；經者，常行之典。按《漢書·藝文志》云：「夫孝，天之經，地之義，民之行也。舉大者言，故曰『孝經』。」又按《禮記·祭統》云：「孝者，畜也。」畜，養也。《釋名》云：「孝，好也。」《周書·謚法》：「至順曰孝。」總而言之，道常在心，盡其色養，中情悦好，承順無怠之義也。《爾雅》曰：「善父母曰孝。」皇侃曰：「經者，常也、法也。此經爲教，任重道遠，雖復時移代革，金石可消，而孝爲事親常行，存世不滅，是其常也；爲百代規模，人生所資，是其法也。言孝之爲教，使可常而法之。」《易》有《上經》《下經》，老子有《道經》《德經》，孝爲百行之本，故名曰「孝經」。經之創制，孔子所撰也。前賢以爲曾參雖有至孝之性，未達孝德之本，偶於閒居，因得侍坐，參起問於夫子，夫子隨而荅，參是以集録，因名爲「孝經」。尋繹再三，將未爲得也。何者？夫子刊輯前史而脩《春秋》，猶云筆則筆，削則削，四科十哲莫敢措辭。按《鉤命決》云：「孔子曰：『吾志在《春秋》，行在《孝經》。』」斯則脩《春秋》、撰《孝經》，孔子之志、行也，何爲重其志而自筆削，輕其行而假他人者乎？按劉炫《述義》，其畧曰：「炫謂孔子自作《孝經》，本非曾參請業而對也。士有百行，以孝爲本，本立而後道行，道行而後業就，故曰『明王之以孝治天下也』。然則治世之要，孰能外〔一〕乎？徒以教化之道，因時立稱；經典之目，隨事表名。至使威儀禮節之餘，盛傳當代；孝悌德行之本，隱而不彰。夫子運偶陵遲，禮樂崩壞，名教將絕，特感

〔一〕「外」，《孝經注疏》泰定本、十行本皆作「非」。

聖心，因弟子有請問之道，師儒有教誨之義，故假曾子之言以爲對揚之體，乃非曾子實有問也。若疑而始問，荅以申辭，則曾子應每章一問，仲尼應每問一荅。按經，夫子先自言之，非參請也；諸章以次演之，非待問也。且辭義血脈，文連旨環，而『開宗』題其端緒，餘章廣而成之，非一問一荅之勢也。理有所極，方始發問，又非請業請荅之事。首章言『先王有至德要道』，則下章云『此之謂要道也』，『非至德，其孰能順民』，皆遥結首章，荅曾子也。舉此爲例，凡有數科，必其主爲曾子言，首章荅曾子已了，何由不待曾子問，更自述而明之？且首起曾參侍坐與之言，二者是問也，一者歎之也。蓋假言乘閒曾子坐也，與之論孝，開宗明義，上陳天子、下陳庶人，語盡無更端，於曾子未有請，故假參歎孝之大，又説以孝爲理之功。説之以終，欲言其聖道莫大於孝，又假參問，乃説聖人之德不加於孝。在前論敬順之道，未有規諫之事，慇懃在悦色，不可頓説犯顏，故須更借曾子言陳諫争之義。此皆孔子須參問，非參須問孔子也。莊周之斥鷃笑鵬、罔兩問影，屈原之漁父鼓枻、大卜拂龜，馬卿之烏有、無是，楊雄之翰林、子墨，寧非師祖製作，以爲楷模者乎？若依鄭注，實居講堂，則廣延生徒，侍坐非一，夫子豈凌人侮衆，獨於參言邪？且云『汝知之乎』，何必直汝曾子，而參先避席乎？必其偏告諸生，又〔一〕有對者，當參不讓儕輩而獨荅乎？假使獨與參言，言畢參自集録，豈宜稱師字者乎？由斯言之，經教發抒，夫子所撰也。而《漢書·藝文志》云：『《孝經》者，孔子爲曾子陳孝道也。』謂其爲曾子特説此經。然則聖人之有述作，豈爲一人而已？斯皆誤本其文，致兹乖謬也。所以先儒注解，多所未行。惟鄭玄之《六藝論》曰：『孔子以六藝題目不同，指意殊别，恐道離散，後世莫知根源，故作《孝經》以總會之。』其言雖則不然，其意頗近之矣。然入室之徒不一，獨假曾子爲言，以參徧得孝名也。老子曰：『六親不和有孝慈。』然則孝慈之名，因不和而有。若萬行俱備，稱爲人聖，則凡聖無不孝也。而家有三惡，舜稱大孝；龍逢、比干忠名獨彰，君不明也；孝己、伯奇孝名偏著，母不慈也。曾子性雖至孝，蓋有由而發矣。藜蒸不熟而出其妻，家法嚴也；耘爪傷苗幾殞其命，明父少恩也。曾子孝名之大，其或由兹，固非參性遲樸，躬行匹夫之孝也。」審考經言，詳稽炫釋，實藏理於古，而獨得之於今者與。元氏雖同炫説，恐未盡善，今以《藝文志》及鄭氏所説爲得。其作經年，先儒以爲魯哀公十四年西狩獲麟而作《春秋》，至十六年夏四月己丑孔子卒爲證，則

〔一〕「又」，《孝經注疏》泰定本、阮元本作「無」，十行本、北監本、汲古閣本作「又」。

作在魯哀公十四年後、十六年前。案《鉤命決》云：「孔子曰：『吾志在《春秋》，行在《孝經》。』」據先後言之，明《孝經》之文，同《春秋》作也。又《鉤命決》云：「孔子曰：『《春秋》屬商，《孝經》屬參。』」則《孝經》之作，在《春秋》後也。○御者，案《大戴禮·盛德》篇云：「德法者，御民之本也。古之御政以治天下者，冢宰之官以成道，司徒之官以成德，宗伯之官以成仁，司馬之官以成聖，司寇之官以成義，司空之官以成禮。故六官以爲轡，司會均入以爲軜。故曰御四馬者執六轡，御天地與人與事者亦有六政。是故善御者，正身同轡，均馬力，齊馬心，唯其所引而之，以取長道，遠行可以之，急疾可以御。天地與人事，此四者聖人之所乘也。是故天子御者，內史、太史，左右手也，六官亦六轡也。天子、三公合以執六官，均五政、齊五法，以御四者，故亦唯其所引而之。以之道，則國治；以之德，則國安；以之仁，則國和；以之聖，則國平；以之義，則國成；以之禮，則國定。此御政之體也。」然則，御者治天下之名，若柔轡之御剛馬也。《家語》亦有此文，是以秦漢以來，以「御」爲至尊之稱。又蔡邕《獨斷》曰：「御者，進也。凡衣服加於身、飲食入於口、妃妾接於寢，皆曰御。」至於器物製作，亦皆以「御」言之。故此云「御」也。○製者，裁翦述作之謂也。故《左傳》曰：「子有美錦，不使人學製焉。」取此美名，故人之文章述作皆謂之「製」。

以此序唐玄宗所撰，故云「御製也」。玄宗，唐第六帝也，諱隆基，睿宗之子，以延和元年即位，時年三十三。在位四十五年，年七十八登遐，謚曰明孝皇帝，廟號玄宗。開元十年製經序并注。○序者，按《詩・頌》云：「繼序思不忘。」《毛傳》云：「序，緒也。」又《釋詁》云：「敘，緒也。」是「序」與「敘」音義同。郭璞云：「又爲端緒。」然則此言序者，舉一經之端緒耳。○并注者，并，兼也；注，著也。解釋經指，使義理著明也。言非但製序，兼亦作注，故云「并」也。案今俗所傳《孝經》題曰「鄭氏注」，近古皆謂康成，而魏、晉之朝無有此說。晉穆帝永和十一年及孝武太元元年，再聚羣臣，具論經義，有荀昶者撰集《孝經》諸說，始以鄭氏爲宗。齊、梁已來，多有異論。陸澄以爲非玄所注，請不藏〔一〕於祕省，王儉不依其請，遂得見傳。至魏、齊則立學官，著在律令。蓋由虜俗無識，故致斯訛舛。然則經非鄭玄所注，其驗有十二焉。據鄭自序云：「遭黨錮之事逃難，注《禮》。至黨錮事解，注古文《尚書》《毛詩》《論語》。爲袁譚所逼，來至元城，乃注《周易》。」都無注《孝經》之文，其驗一也。鄭玄卒後，其弟子追論師所注述及應對時人，謂之《鄭志》，其言鄭所注者，唯有

〔一〕「藏」原作「載」，據《孝經注疏》泰定本、十行本改。

《毛詩》《三禮》《尚書》《周易》，都不言注《孝經》，其驗二也。又《鄭志目録》記鄭之所注，五經之外有《中候》《書傳》《七政論》《乾象曆》《六藝論》《毛詩譜》《荅臨碩難禮》《駁許慎異義》《釋廢疾》《發墨守》《箴膏肓》《答甄守然》等書。寸紙片言，莫不悉載，若有《孝經》之注，無容匿而不言，其驗三也。鄭之弟子分授門徒，各述師言，更相問荅，編録其語，謂之《鄭記》，唯載《詩》《書》《禮》《易》《論語》，其言不及《孝經》，其驗四也。趙商作鄭先生碑銘，具稱其所注箋駁論，亦不言注《孝經》。《晉中經簿》「《周易》《尚書》《尚書中候》《尚書大傳》《毛詩》《周禮》《儀禮》《禮記》《論語》」凡九書，皆云：「鄭氏注，名玄。」至於《孝經》則稱「鄭氏解」，無「名玄」二字，其驗五也。《春秋緯・演孔圖》注云：「康成注《三禮》《詩》《易》《尚書》《論語》，其《春秋》《孝經》則有評論。」宋均於《詩緯序》云「我先師北海鄭司農」，則均是玄之傳業弟子，師有注述，無容不知，而云《春秋》《孝經》唯有評論，非玄之所注特明，其驗六也。又宋均《孝經緯注》引鄭《六藝論》敘《孝經》云：「玄又爲之注，司農論如是，而均無聞焉。有義無辭，令予昏惑。」舉鄭之語，而云「無聞」，其驗七也。宋均《春秋緯注》云：「爲《春秋》《孝經》畧説。」則非注之謂，所言「又爲之注」者，汎辭耳，非事實。其敘《春秋》亦云「玄又爲之注」，寧可復責以實注《春秋》乎？其驗八也。後漢史書存於代者，有謝承、薛瑩、司馬彪、袁山松等，其爲鄭玄傳者載其所注，皆無《孝經》，唯范氏書有《孝經》，其驗九也。王肅《孝經傳》首有司馬宣王之奏，云：「奉詔令諸儒注述《孝經》，以肅説爲長。」若先有鄭注，亦應言及，而都不言鄭，其驗十也。王肅注書，發揚鄭短，凡有小失，皆在《聖證》，若《孝經》此注亦出鄭氏，被肅攻擊最應煩多，而肅無言，其驗十一也。魏、晉朝賢論辯時事，鄭氏諸注無不撮引，未有一言引《孝經》之注，其驗十二也。凡此證驗，易爲討覈，而代之學者不覺其非，乘彼謬説，競相推舉，諸解不立學官，此注獨行於世。觀夫言語鄙陋，義理乖疎，固不可示彼後來，傳諸不朽。至《古文孝經孔傳》，本出孔氏壁中，語甚詳正，無俟商榷〔一〕，而曠代亡逸，不復流行。隋開皇十四年，祕書學士王孝逸，於京市陳人處買得一本，送與著作郎王邵，以示河間劉炫，乃令校定。而此書更無兼本，難可依憑，炫輒以所見率意刊改，因著《古文孝經稽疑》一篇。故開元七年，勑議之際，劉子玄等議以爲，孔、鄭二家雲泥致隔，今綸旨煥發，校其短長，必謂行孔廢鄭，於義爲允。國子博士司馬貞議曰：「今文《孝經》是漢河間王所得顔芝本，至劉向以此參挍古文本，省除

〔一〕「榷」原作「確」，據道光九年刻本、《孝經注疏》泰定本改，十行本、阮元本作「推」。

繁惑，定此爲一十八章。其注相承云是鄭玄所作，而《鄭志》及《目録》等不載，故往賢共疑焉。唯荀昶、范蔚宗以爲鄭注，故昶集解《孝經》具載此注，而其序云以鄭爲主，是先達博選，以此注爲優。且其注縱非鄭玄，而義旨敷暢，將爲得所，雖數處小有非穩，實亦未爽經旨。其古文二十二章，元出孔壁。先是安國作傳，緣遭巫蠱，未之行也。昶集注之時有見孔傳，中朝遂亡其本。近儒欲崇古學，妄作此傳，假稱孔氏，輒穿鑿改更，又僞作《閨門》一章，劉炫詭隨，妄稱其善。且《閨門》之義，近俗之語，必非宣尼正説。案其文云『閨門之内具禮矣乎，嚴父嚴兄，妻子臣妾由百姓徒役也』，是比妻子於徒役。文句凡鄙，不合經典。又分《庶人章》從『故自天子』以下别爲一章，仍加『子曰』二字。然『故』者，連上之辭，既是章首，不合言『故』，是古文既亡，後人妄開此等數章，以應二十二章之數。非但經文不真，抑亦傳文淺僞。又注『因天之時，因地之利』，其畧曰：『脱衣就功，暴其肌體，朝暮從事，露髮跣足，少而習之，其心安焉。』此語雖旁出諸子，而引之爲注，何言之鄙俚乎？與鄭氏所云『分别五土，視其高下，高田宜黍稷，下田宜稻麥』，優劣懸殊，曾何等級。今議者，欲取近儒詭説、殘經缺傳，而廢鄭注，理實未可。望請准式，《孝經》鄭注與孔傳依舊俱行。」詔鄭注仍舊行用，孔傳亦存。是時蘇、宋文吏，拘於流俗，不能發明古義，奏議排子玄，令諸儒對定。司馬貞與學生郄常等十人盡非子玄，卒從諸儒之說。至十年上自注《孝經》，頒於天下，卒以十八章爲定。

補 福案：家大人《十三經注疏挍勘記》《孝經》以正德板本爲主，今悉引《記》文挍諸本，以歸於一，是亦邢氏挍元氏之意。且恐不察者，習見彼本，反以此本不誤者爲誤也。

「博士江翁」，「博」作「慱」，今據毛本改。

「少府后蒼」，「蒼」誤「倉」，今據毛本及《漢書・儒林傳》改。

「唯孔氏壁中」，「壁」誤「璧」，今據閩本、監本、毛本改。

「桓譚新論」，「桓」誤「相」，今據閩本、監本、毛本改。《挍勘記》：「案，作『相』避宋欽宗諱，此翻宋十行之證。『譚』當作『譚』。」

「古孝經千八百七十二字」，《挍勘記》：「案，宋本《古文孝經》後記數云『經凡一千八百一十言』，日本信陽太宰純所挍《僞古文孝經孔傳》後記數云『通計經一千八百六十一字』。」

「周書謚法」，「謚」毛本作「諡」。盧氏文弨《鍾山札記》云：「今本《説文》『謚，行之迹也，从言兮皿，闕』。徐鍇曰：『兮，聲也。謚，笑皃，从言益聲。』《玉篇》於『謚』下增一『諡』

字，云同上，餘竝同今《説文》。余向以累行之字，皆从兮从皿，又證以《玉篇》，以爲真《説文》之舊矣。段氏玉裁云：『《五經文字》謚、諡二字音常利反，上《説文》，下《字林》。《字林》以謚爲笑聲，音呼益反。今用上字，據此。《説文》作「謚」，竝不从兮从皿。即《字林》以「諡」代「謚」，亦未嘗增一从兮从皿之字。此出近世所改，从兮从皿實無義。』」《挍勘記》云：「余以其言爲然，從之。案毛本作『諡法』，非也。下仿此。」

「至順曰孝」，浦氏鏜云：「《謚法解》無此文。」

「總而言之」，「總」作「摠」，閩本作「摠」，監本、毛本作「總」。《挍勘記》：「案，作『總』轉寫之異，當作『總』。顧野王《玉篇》、張參《五經文字》皆作『總』，唐玄度《九經字樣》『摠』字下云：『《説文》作「總」，經典相承通用。』李文仲《字鑑》云：『俗作總、摠。』非是。」

「而孝爲事親常行」，「孝」「爲」二字倒置，今據《正誤》改。

「存世不滅」，「滅」誤「滅」，今據閩本、監本、毛本改。

「夫子隨而荅參」，「隨」誤「隨」，今據閩本、監本、毛本改。「荅」誤「荅」，閩本、監本作「答」，《挍勘記》：「案，作『答』非也。《五經文字》『荅、荅』字下云：『上《説文》，下石經。此荅本小豆之一名。對荅之荅，本作畣，經典及人閒行此荅已久，故不可改變。』下仿此。」

「夫子刊輯前史」，「輯」誤「緝」，今據毛本改。

「而脩春秋」，「脩」作「修」，監本作「脩」，《挍勘記》：「案，經典多作『脩』。下仿此。」

「按鉤命決云」，「決」誤「決」，《挍勘記》：「案，《玉篇》云『決，俗決字』，張參亦云『作決訛』。下仿此。」

「本非曾參請業而對也」，「本」誤「夲」，今據毛本改。下仿此。

「名教將絶」，「絶」誤「絶」，今據毛本改。下仿此。

「以爲對揚之體」，「體」誤「躰」，今據閩本、監本、毛本改。案《玉篇》云：「躰，俗體字。」

「非待問也」，「問」字脱，今據《正誤》增。

「皆遥結首章荅曾子也」，「首章」誤「道本」，今據《正誤》改。

「必其主爲曾子言」，「主」誤「王」，今據閩本、監本、毛本改。

「首章荅曾子已了」，「了」誤「子」，今據閩本、監本、毛本改。

「何由不待曾子問」，「由」作「由」，案避明熹宗諱，今改正。下仿此。

「更自述而明之」，「明」誤「修」，今據《正誤》改。

「且首起曾參侍坐與之言」，「首」誤「三」〔一〕，「言」誤「別」，今據《正誤》改。

「蓋假言乘閒曾子坐也」，「蓋」誤「故」，今據《正誤》改。

「説之以終」，《正誤》「以」作「已」，案「已」「以」古多通用。

「故須更借曾子言」，「更」誤「臾」，今據閩本、監本、毛本改。

「楊雄之翰林子墨」，《挍勘記》云：「案《廣韻》『揚』字注不言姓，『楊』字注云姓，出宏農、天水二望，本自周宣王子尚父，幽王邑諸楊，號曰『楊侯』，後并於晉，因爲氏。《後漢書》楊雄本傳云『其先食采於楊，因氏焉』，又云『楊在河、汾之閒』。應劭曰：『《左傳》霍、楊、韓、魏，皆姬姓也。楊今河東楊縣，即楊侯國。』監本、毛本作『揚』，皆非也。」

「經教發抒」，「抒」誤「極」，今據《正誤》改。

「孔子以六藝題目不同」，「目」誤「日」，今據閩本、監本、毛本改。

「然入室之徒不一」，「一」字脱，今據《挍勘記》案語補。

「孝己伯奇孝名偏著」，「己」誤「以」，今據監本、毛本改；「孝名」誤「之名」，今據《正

〔一〕按：《孝經注疏》泰定本、阮元本皆作「三」，日本京都大學藏《孝經述議》古寫本亦作「三」，阮福所改恐非。

誤》改。

「母不慈也」，「母」誤「毋」，今據毛本改。

「德法者御民之本也」，「御」或作「銜」，據《大戴禮》改。

「太史」「內史」誤倒，今據《大戴禮》改正。

「此御政之體也」，閩本、監本、毛本「體」皆作「禮」，獨此本作「體」，與《大戴禮》合。

「妃妾接於寢」，「寢」誤「寑」，今據監本改。

「諱隆基」，「基」誤「著」，今據《唐書》改。

「年七十八登遐」，「八」誤「人」，今據《唐書》改。

「敘緒也」，「敘」作「叙」，今據閩本、毛本改。下仿此。

「言非但製序」，「但」誤「旦」，今據閩本、監本、毛本改。

「案今俗所傳孝經」，「傳」誤「行」，今據《文苑英華》改。

「而魏晉之朝」，「魏晉」二字誤倒，今據《文苑英華》《唐會要》改正。

「齊梁已來」，誤「晉末已來」，今據《文苑英華》《唐會要》改。

「請不藏於祕省」，「祕」誤「被」，今據監本、毛本改。

「著在律令」，「在」誤「作」，今據《文苑英華》《唐會要》改。

「遭黨錮之事逃難注禮」，「注禮」二字本無，今據《文苑英華》《唐會要》補。

「鄭玄卒後」，「玄」誤「君」，今據《唐會要》改。

「書傳」誤「大傳」，今據《文苑英華》《唐會要》改。

「駁許慎異義」，「駁」字本無，「義」誤「議」，今據《文苑英華》《唐會要》增改。

「分授門徒」，「授」誤「憕」，閩本、監本、毛本誤「撜」，今據《文苑英華》《唐會要》改。

「各述師言」，「師」誤「所」，今據《文苑英華》《唐會要》改。

「更相問荅」，「相」誤「爲」，今據《文苑英華》《唐會要》改。

「唯載詩書禮易論語」，「唯」誤「佳」，今據閩本、監本、毛本改。

「詩書」二字本無，今據《文苑英華》《唐會要》增。

「趙商作鄭先生碑銘」，「先生」二字本作一「玄」字，今據《文苑英華》《唐會要》改。

「具稱其所注箋駁論」，「稱」誤「載」，「其」誤「諸」，「駁」誤「驗」，今據《文苑英華》《唐會要》改。

「晉中經簿」，「簿」誤「薄」，今據《文苑英華》《唐會要》改。

「周易尚書尚書中候」，「尚書」二字未竝重，今據《文苑英華》《唐會要》增；「中」誤「守」，今據閩本、監本、毛本改。

「春秋緯」，「春」誤「者」。

「則有評論」，「有」誤「者」，今據《挍勘記》改。

「宋均於詩緯序云」，「均」下「於」字脱，「緯」誤「譜」，今據《文苑英華》《唐會要》增改。

「我先師北海鄭司農」，「北」誤「比」，今據《挍勘記》改。

「則均是玄之傳業弟子」，「玄」誤「文」，今據閩本、監本、毛本改。

「唯有評論」，「唯」誤「佳」。

「非玄之所著特明」，「之」字脱，今據《文苑英華》補；「著」誤「注」，今據《唐會要》改；「特」誤「時」，今據監本、毛本及《文苑英華》改。

「而云無聞」，「聞」誤「問」。

「其驗七也」，「也」誤「世」。

「汎辭耳」，「汎」誤「況」，今據《挍勘記》改。

「其爲鄭玄傳者載其所注皆無孝經」，「爲鄭玄傳者載其」七字脱，今據《文苑英華》《唐會要》補。

「唯范氏書有孝經」，此七字爲《文苑英華》《唐會要》竝無。

「有司馬宣王之奏云奉詔」，「之奏云」三字脱，今據《文苑英華》《唐會要》補。

「而都不言鄭」，「都」字脱，今據《文苑英華》補。

「發揚鄭短」，「發揚」誤「好發」，今據《文苑英華》《唐會要》改。

「而肅無言」，《挍勘記》：「案，《禮記·郊特牲》正義引王肅難鄭云：『《月令》「命民社」，鄭注云：「社，后土也。」《孝經注》云：「社，后土也，句龍爲后土。」鄭既云「社，后土」，則句龍也。是鄭自相違反。』然則，王肅未嘗無言也。」

「論辯時事」，「論辯」二字誤倒，今據《文苑英華》改正。

「未有一言引孝經之注」，「引」「之」二字脱，「注」下多「者」字，今據《文苑英華》增删。

「凡此證驗」，「凡」誤「以」，今據《文苑英華》《唐會要》改。

「乘彼謬説」，「彼」誤「後」，今據《文苑英華》《唐會要》改。

「觀夫言語鄙陋義理乖疎」，「夫」字脱，「疎」誤「謬」，今據《文苑英華》增改。

「語甚詳正」，「甚」誤「其」，今據《正誤》改。

「不復流行」，「復」誤「被」，今據《文苑英華》《唐會要》改。

「祕書學士王孝逸」，「士」誤「生」，今據《唐會要》改；「孝」字脱，今據《文苑英華》增。

「送與著作郎王邵」，「郎」字脱，今據《文苑英華》《唐會要》補。

「至劉向以此參挍古文本」，「本」字脱，今據《文苑英華》《唐會要》補。

「定此爲一十八章」，「此」誤「比」，「爲」字脱，今據《文苑英華》改補。

「具載此注而其序云以鄭爲主是先達博選以此注爲優」，「具載」下脱「此注而其序云以鄭爲主是先達博選以」十六字，今據《文苑英華》補；「而其序云」之「云」字，又爲《文苑英華》所無，今復據《唐會要》補。

「元出孔壁」，「元」誤「無」，今據《唐會要》《文苑英華》改。

「有見孔傳中朝遂亡其本」，「有」字誤「尚未」二字，今據《文苑英華》《唐會要》删改。

「妄作此傳」，「此傳」誤「傳學」，今據《文苑英華》《唐會要》改。

「具禮矣乎」，「乎」字脱，今據《唐會要》《文苑英華》補。

「然故者連上之辭」，「連上」誤「建下」，閩本、監本、毛本作「逮下」，亦誤，今據《文苑英華》《唐會要》改。

「是古文既亡」，「文」誤「人」，「亡」誤「没」，今據《唐會要》《文苑英華》改。

「以應二十二章之數」，「章」字脱，今據《文苑英華》《唐會要》補。

「非但經文不真」，「文」誤「久」，今據監本、毛本改。

「又注用天之時，因地之利」，「時」誤「道」，「因」誤「分」，今據《文苑英華》《唐會要》改。

「脱衣就功」，「衣就」誤「之應」，今據《文苑英華》《唐會要》改。

「露髮跣足」，「跣」誤「塗」，今據《文苑英華》改。

「欲取近儒詭説殘經缺傳」，「説」下四字脱，今據《文苑英華》《唐會要》補。

「望請准式」誤「請准令式」，今據《唐會要》改。

福又案《藝文類聚》引《鉤命決》尚有「以《春秋》屬商，《孝經》屬參」二句。

朕聞上古，其風朴畧。

疏「朕聞」至「德之本歟」○《正義》曰：自此以下至於序末，凡有五段明〔一〕義，當段自

〔一〕「明」原作「名」，據《孝經注疏》泰定本、十行本改。

解其指，於此不復繁文。今此初段，序孝之所起，及可以教人而爲德本也。朕者，我也。古者尊卑皆稱之，故帝舜命禹曰「朕志先定」，禹曰「朕德罔克」，皋陶曰「朕言惠可厎〔一〕行」，又屈原亦云「朕皇考曰伯庸」。是由古人質，故君臣共稱，至秦始皇二十六年，始定爲天子之稱。聞者，目之不覩、耳之所傳曰「聞」。上古者，經典所説不同案《禮運》鄭玄注云「中古未有釜甑」，則謂神農爲中古。若《易》歷三古，則伏羲爲上古，文王爲中古，孔子爲下古。若三王對五帝，則五帝亦爲上古。故《士冠記》云「大古冠布」，下云「三王共皮弁」，則大古，五帝時也，大古亦上古也。以其文各有所對，故上古、中古不同也。此云「上古」者，亦謂五帝以上也。知者，以下云「及乎仁義既有」，以《禮運》及《老子》言之，仁義之盛在三王之世，則此「上古」自然當五帝以上也。云「其風朴畧」者，風，教也；朴，質也；畧，疏也。言上古之君貴尚道德，其於教化則質樸疏畧也。

雖因心之孝已萌，而資敬之禮猶簡。

〔一〕「厎」原作「底」，據道光九年刻本、《孝經注疏》泰定本改，十行本、阮元本作「厎」。

疏《正義》曰：因，猶親也。資，猶取也。言上古之人，有自然親愛父母之心，如此之孝雖已萌兆，而取其恭敬之禮節猶尚簡少也。《周禮》大司徒教六行，云「孝、友、睦、姻、任、恤」，注云「姻，親於外親」，是「因」得爲親也。《詩·大雅·皇矣》云：「維此王季，因心則友。」《士章》云：「資於事父以事君而敬同。」此其所出之文也，故引以爲序耳[一]。

補「姻親於外親」，「姻」誤「因」，今據《周禮》改。

及乎仁義既有，親譽益著，

疏《正義》曰：及乎者，語之發端，連上逮下之辭也。仁者，兼愛之名。義者，裁非之謂。「仁義既有」，謂三王時也。案《曲禮》云：「太上貴德。」鄭注云：「太上，帝皇[二]之世。」又《禮運》云：「大道之行也。」鄭注云：「大道，謂五帝時。」老子《德經》云：「失道而後德，失德而後仁，失仁而後義。」是道德當三皇五帝時，則仁義當三王之時可知也。慈愛之心曰「親」，聲美之稱曰「譽」，謂三王之世，「天下爲家，各親其親，各子其子」，親譽之道

[一]「耳」原作「云」，據道光九年刻本、《孝經注疏》泰定本、十行本改。

[二]「帝皇」二字原倒，據道光九年刻本、《孝經注疏》泰定本、十行本改。

日益著見，故曰「親譽益著」也。

聖人知孝之可以教人也，

疏《正義》曰：聖人，謂以孝治天下之明王也。孝爲百行之本，至道之極，故經文云：「聖人之德，又何以加於孝乎？」

故因嚴以教敬，因親以教愛。

疏《正義》曰：引下經文以證義也。

於是以順移忠之道昭矣，立身揚名之義彰矣。

疏《正義》曰：經云：「君子之事親孝，故忠可移於君。」又曰：「立身行道，揚名於後世。」言人事兄能悌，以之事長則爲順；事親能孝，移之事君則爲忠。然後立身揚名，傳於後世也。「昭」「彰」皆明也。

子曰：「吾志在《春秋》，行在《孝經》。」

疏《正義》曰：此《鉤命決》文也。言褒貶諸侯善惡，志在於《春秋》；人倫尊卑之行，在於《孝經》也。

補 家大人云：「凡緯書内，淳粹之言，典禮之舊，大半皆周秦閒各經古文傳説之遺，而改以入緯。」福謂：「志在《春秋》，行在《孝經》」之説，安知非子夏、魏文侯古傳説及衛宏口傳古説所遺也？然則緯文之淳駁，當分別觀之。福又謂：《禮記・中庸》：「仲尼祖述堯舜，憲章文武，上律天時，下襲水土。」鄭氏注曰：「此以《春秋》之義，説孔子之德。孔子曰：『吾志在《春秋》，行在《孝經》。』二經固足以明之。」然則可見《孝經》與《春秋》同爲堯舜文武之事。家大人云：「《中庸》一篇，前半言中庸，自『鬼神之爲德』以後，皆言孔子有德無位，作《春秋》《孝經》之事，故屢言舜、周公之大孝。子思知孔子百世不惑，至誠配天，有似乎文王、周公也。『故曰配天』四字，指孔子也。『上天之載，無聲無臭』，即《詩》『文王萬邦作孚』之義也。班固《白虎通》曰：『已作《春秋》，後作《孝經》何？欲專制正於《孝經》也。夫孝者，自天子下至庶人，上下通。』《蜀志・秦宓傳》宓曰：『孔子發憤作《春秋》，大乎居正；復制《孝經》，廣陳德行，杜漸防萌，預有所抑。』此皆漢人言《春秋》《孝經》相輔之大義也。」

是知孝者，德之本歟。

疏《正義》曰：《論語》云：「孝弟也者，其爲仁之本歟！」今言「孝者，德之本歟」，歟者，歎美之辭。舉其大者而言，故但云孝。德，則行之總名，故變「仁」言「德」也。

經曰：「昔者明王之以孝理天下也，不敢遺小國之臣，而況於公、侯、伯、子、男乎？」

疏「經曰」至「形於四海」○《正義》曰：此第二段，序己仰慕先世明王，欲以博愛廣敬之道被四海也。「經曰」至「男乎」，此《孝治章》文也，故言「經曰」。言小國之臣，尚不敢遺棄，何況於五等列爵之君乎？公、侯、伯、子、男，五等之爵也。《白虎通》曰：「公者，通也，公正無私之意也。《春秋傳》『曰王者之後稱公』。侯者，候也，候順逆也。伯者，長也，爲一國之長也。子者，字也，常行字愛於人也。男者，任也，常任王事也。」《王制》云：「公、侯田方百里，伯七十里，子、男五十里。」至於周公時增地益廣，加賜諸侯之地，公五百里，侯四百里，伯三百里，子二百里，男一百里。公爲上等，侯、伯爲中等，子、男爲下等。言「小國之臣」，謂子、男之臣也。

補「公侯田方百里」，「田」誤「地」，今據《禮記・王制》改。

朕嘗三復斯言，景行先哲。

疏「三復」，上蘇暫反。《正義》曰：復，覆也。斯，此也。景〔一〕，明也。哲，智也。言每讀經至此科，三度反覆重讀，庶幾法則此有明行者，先世聖智之明王也。《論語》云「南容三復白圭」，《詩》云「高山仰止，景行行止」，是其類也。

雖無德教加於百姓，

疏《正義》曰：上遜辭也。

〔一〕「景」下原有「者」字，據道光九年刻本，《孝經注疏》泰定本、十行本刪。

庶幾廣愛形於四海。

疏《正義》曰：此上意思行教也。庶幾，猶幸望。既謙言無德教加於百姓，唯幸望以廣敬博愛之道，著見於四夷也。按經作「刑」，刑，法也。今此作「形」，則形猶見也。義得兩通，無煩改字。「四海」即四夷也。又經別釋。

嗟乎！夫子没而微言絶，異端起而大義乖。

疏「嗟乎」至「樞要也」○《正義》曰：此第三段，歎夫子没後，遭世陵遲，典籍散亡，傳注踳駮，所以撮其樞要而自作注也。嗟乎，上歎辭也。夫子，孔子也，以嘗爲魯大夫，故云「夫子」。案《史記》云：孔子生魯國昌平陬邑，魯襄公二十二年生，年七十三，以魯哀公十六年四月己丑卒，葬魯城北泗上。「而微言絶」者，《藝文志》文。李奇曰：「隱微不顯之言也。」顔師古曰：「精微要妙之言耳。」言夫子没後，妙言咸絶；七十子既喪，而異端竝起，大義悉乖。

況泯絶於秦，得之者皆煨燼之末；

疏泯，彌忍切。煨燼，上烏恢切，下徐刃切。《正義》曰：泯，滅也。秦者，隴西谷名也，在雍州鳥鼠山之東北。昔皋陶之子伯翳，佐禹治水有功，舜命作虞，賜姓曰「嬴」。其末孫非子，爲周孝王養馬於汧、渭之閒，封爲附庸，邑于秦谷。及非子之曾孫秦仲，周宣王又命爲大夫。仲之孫襄公，討西戎救周，周室東遷，以岐、豐之地賜之，始列爲諸侯，春秋時稱秦伯。至孝公子惠文君立，是爲惠王。及莊襄王爲秦質子於趙，見吕不韋姬，説而取之，生始皇。以秦昭王四十八年正月生於邯鄲，及生，名爲「政」，姓趙氏。年十三，莊襄王死，政代立爲秦王。至二十六年，平定天下，號曰「始皇帝」。三十四年，置酒咸陽宮，博士齊人淳于越進曰：「臣聞殷、周之王千餘歲，封子弟、功臣，自爲枝輔。今陛下有海内，而子弟爲匹夫，卒有田常、六卿之臣，無輔拂何以相救哉？」丞相李斯曰：「五帝不相復，三王不相襲，非其相反，時變異也。今陛下創大業，建萬世之功，固非愚儒之所知。臣請史官非秦記皆燒之；非博士官所職，天下敢有藏《詩》《書》、百家語者，悉詣守尉雜燒之。」制曰：「可。」三十五年，以爲諸生誹謗，乃自除犯禁者四百六十餘人，皆阬之咸陽。是經籍之道滅絶於秦。《説文》云：「烬，盆火也。」「燼，火餘也。」言遭秦焚阬之後，典籍滅絶，雖僅有存者，皆火餘之微末耳，若伏勝《尚書》、顔貞《孝經》之類是也。

補「三十四年」，「三」誤「王」，今據閩本、監本、毛本改。

「淳于越進曰」，「淳」誤「享」，今據閩本、監本、毛本改；「于」誤「干」，今據閩本、監本改。

「封子弟功臣」，「功」字上多「立」字，今據《史記》删。

「何以相救哉」，「相救」誤「輔政」；「建萬世之功」，「功」誤「所」，皆據《史記》改。

濫觴於漢，傳之者皆糟粕之餘。

疏「糟粕」，下匹各切。《正義》曰：案《家語》孔子謂子路曰：「夫江始出於岷山，其源可以濫觴，及其至江津也，不舫舟，不避風，則不可以涉。」王肅曰：「觴，所以盛酒者，言其微也。」又《文選·郭景純〈江賦〉》曰：「惟岷山之導江，初發源乎濫觴。」臣翰注云：「濫，謂汎濫，小流貌。觴，酒醆也，謂發源小如一醆。」漢者，巴蜀之閒水名也。二世元年，諸侯叛秦，沛人共立劉季以爲沛公。二年八月入秦，秦相趙高殺二世，立二世兄子子嬰，冬十月爲漢元年。子嬰二年春正月，項羽尊楚懷王爲義帝，羽自立爲西楚霸王，更立沛公爲漢王，王巴蜀、漢中四十一縣，都南鄭。五年，破項羽，斬之。六年二月，即皇帝位於汜水之陽，遂取「漢」爲天下號，若商、周然也。漢興，改秦之政，大收篇籍。言從始皇焚燒之後，至漢世尊學，初除挾書之律，有河閒人顏貞出其父芝所藏，凡一十八章，以相傳授。言其至少，故曰「濫觴於漢」也。其後浸盛，則如江矣。《釋名》曰：「酒滓曰糟，浮米曰粕。」既以「濫觴」況其少，因取「糟粕」比其微。言醇粹既喪，但餘此糟粕耳。

故魯史《春秋》，學開五傳；

疏《正義》曰：故者，因上起下之語。夫子約魯史《春秋》，「學開五傳」者，謂各專己學，以相教授，分經作傳，凡有五家。開，則分也。五傳者，案《漢書·藝文志》云：《左氏傳》三十卷，左丘明，魯大史也。《公羊傳》十一卷，公羊子，齊人，名高，受經於子夏。《穀梁傳》十一卷，穀梁子，魯人，名赤。麋信云「與秦孝公同時」，《七録》云「名俶，字元始」，《風俗通》云「子夏門人」。《鄒氏傳》十一卷，《漢書》云「王吉善《鄒氏春秋》」。《夾氏傳》十一卷，有録無書。其鄒、夾二家，鄒氏無師，夾氏未有書，故不顯於世，蓋王莽時亡失耳。

補「穀梁傳十一卷穀梁子魯人名赤」，脱「穀梁子」三字，「魯人」「名赤」四字誤倒，今據《穀梁傳》補改。

「七録云」，「七」誤「十」，今據《校勘記》改。

「王吉善鄒氏春秋」，「氏」誤「民」，今據閩本、監本、毛本改。

《國風》《雅》《頌》，分爲四《詩》。

疏《正義》曰：《詩》有《國風》《小雅》《大雅》《周頌》《魯頌》《商頌》，故曰「國風雅頌」。四《詩》者，《毛詩》《韓詩》《齊詩》《魯詩》也。《毛詩》自夫子授卜商，傳至大毛公，名亨。大毛公授毛萇，趙人，爲河閒獻王博士。先有《子夏詩傳》一卷，萇各置其篇，常存其作者。至後漢，大司農鄭玄爲之箋，是曰「毛詩」。《韓詩》者，漢文帝時博士燕人韓嬰所傳，武帝時與董仲舒論於上前，仲舒不能難，至晉無人傳習，是曰「韓詩」。《齊詩》者，漢景帝時博士清河太傅轅固生所傳，號「齊詩」。傳夏侯始昌，昌授后蒼輩，門人尤盛，後漢陳元方亦傳之，至西晉亡，是曰「齊詩」。《魯詩》者，漢武帝時魯人申公所述，以經爲訓詁教之，無傳，疑者則闕，號爲「魯詩」。

補「毛詩韓詩」，「韓」誤「商」，今據監本、毛本改。

「傳至大毛公名亨」，「亨」誤「享」，今據閩本、監本改。

「萇各置其篇」，「各」誤「名」，今據閩本、監本、毛本改。

「傳夏侯始昌」，「傳」誤「傳」，今據閩本、監本、毛本改。

「昌授后蒼輩」，「輩」誤「輩」，今據毛本改。案：輩，俗字。

「以經爲訓詁教之」，「詁」誤「話」，今據閩本、監本、毛本改。

去聖逾遠，源流益別。

疏《正義》曰：逾，越也。百川之本曰「源」，水行曰「流」，增多曰「益」。言秦漢而下，上去孔聖越遠；《孝經》本是一源，諸家增益，別爲衆流，謂其文不同也。

近觀《孝經》舊注，踳駮尤甚。

補「近觀孝經舊注」，「注」誤「註」，今據石臺本、唐石經改。《挍勘記》：「案，漢、唐、宋人經注之字，從無作『註』者。賈公彦《儀禮疏》云『言注者，注義於經下，若水之注物』是也，下仿此。惟『記注』字，從『言』不從『氵』，如《左傳敘》『諸所記註』，服虔《通俗文》『記物曰註』，張揖《廣雅》云『註識也』是也。」

「踳駮尤甚」，「駮」誤「駁」，今據石臺本、唐石經、岳本改。

疏 踳駁，上尺尹切，下北角切。《正義》曰：《孝經》今文稱鄭玄注，古文稱孔安國注，先儒詳之，皆非真實，而學者互相宗尚。踳，乖也。駁，錯也。尤，過也。今言觀此二注，乖錯過甚，故言「踳駁尤甚」也。

至於迹相祖述，殆且百家；

疏 殆，音待。《正義》曰：至於者，語更端之辭也。跡，蹤跡也。祖，始也。因而明之曰「述」。言學者蹤跡相尋，以在前者爲始，後人從而述脩之，若仲尼祖述堯舜之爲也。殆，近也。言近且百家，目其多也。考其人，今文則有魏王肅、蘇林、何晏、劉邵，吴韋昭、謝萬、徐整，晉袁宏、虞槃佑，東晉楊泓、殷仲文、車胤、孫氏、庾氏，荀昶、孔光、何承天、釋慧琳，齊王元載、明僧紹，及漢之長孫氏、江翁、翼奉、后蒼、張禹、鄭衆、鄭玄所説，各擅爲一家也。其梁皇侃撰《義疏》三卷，梁武帝作《講疏》，賀瑒、嚴植之、劉貞簡、明山賓咸有説，隋有鉅鹿魏真〔一〕克者，亦爲之訓注。其古文出自孔氏壞壁，本是孔安國作傳，會巫蠱

〔一〕「真」原作「貞」，據道光九年刻本，《孝經注疏》泰定本、十行本改。

事，其本亡失。至隋，王卲所得，以送劉炫，炫敍其得喪，述其義疏議之。劉綽亦作疏，與鄭義俱行。又馬融亦作《古文孝經傳》，而世不傳。此皆祖述名家者也。

補「目其多也」，「目」誤「且」，今據閩本、監本、毛本改。

「虞槃佑」，「佑」誤「佐」，今據隋、唐《志》挍改。

「明僧紹」，「紹」誤「緆」，今據閩本、監本、毛本改。

「賀瑒」，「瑒」誤「塲」，今據《南史》本傳改。

「劉貞簡」，「簡」誤「蕳」，今據閩本、監本、毛本改。

「其古文出自孔氏壞壁」，「壁」誤「璧」，今據閩本、監本、毛本改。

業擅專門，猶將十室。

疏《正義》曰：上言「百家」者，大畧皆祖述而已。其於傳守己業、專門命氏者，尚自將近十室。室，則家也。《爾雅·釋宮》云：「宮謂之室，室謂之宮，其内謂之家。」但與上「百家」變文耳，故言「十室」。其十室之名，序不指摘，不可强言，蓋后蒼、張禹、鄭玄、王肅之徒也。

補「其十室之名」，「十」誤「上」，今據閩本、監本、毛本改。

希升堂者，必自開户牖；

疏《正義》曰：希，望也。《論語》云：「子曰：由也升堂矣，未入於室。」夫子言仲由升我堂矣，未入於室耳。今祖述《孝經》之人，望升夫子之堂者，既不得其門而入，必自擅開門户牕牖矣。言其妄爲穿鑿也。

攀逸駕者，必騁殊軌轍。

補「必騁殊軌轍」，「軌」誤「軓」，今據石臺本、唐石經、岳本、閩本、毛本改。

疏騁，尹郢切。軌轍，上音晷，下直列切。《正義》曰：攀，引也。逸駕，謂奔逸之車駕也。案《莊子》：「顔淵問於仲尼曰：『夫子步亦步，夫子趨亦趨，夫子馳亦馳，夫子奔逸絕塵，而回瞠若乎後耳。』」言夫子之道，神速不可及也。今祖述《孝經》之人，欲仰慕攀引夫子奔逸之駕者，既不得直道而行，必馳騁於殊異之軌轍矣。言不知道之無從也。兩轍之間曰「軌」，車輪所轢曰「轍」。

補「而回瞠若乎後耳」,「瞠」誤「瞠」,今據閩本、毛本改。

是以道隱小成,言隱浮僞。

疏《正義》曰：道者,聖人之大道也。隱,蔽也。「小成」謂小道而有成德者也。言者,夫子之至言也。「浮僞」謂浮華汎[一]辨也。言此穿鑿馳騁之徒,唯行小道華辨,致使大道至言皆爲隱蔽,真[二]實則不可隱。故《莊子内篇·齊物論》云：「道惡乎隱而有真僞,言惡乎隱而有是非?道惡乎往而不存?言惡乎存而不可?道隱於小成,言隱於榮華。」此文與彼同,唯「榮華」作「浮僞」,其文意則不異也。

補「小成謂小道而有成德者也」,上「成」字誤「道」字,今據《挍勘記》案語改。

「言惡乎存而不可」,「存」誤「有」,今據監本、毛本及《莊子》改。

「此文與彼同」,「彼」誤「改」,今據閩本、監本、毛本改。

[一]「汎」,《孝經注疏》十行本作「沉」,泰定本、阮元本作「詭」。

[二]「真」,《孝經注疏》十行本同,泰定本、阮元本作「其」。

「唯榮華作浮僞」，「浮」字脱，今據閩本、監本、毛本補。

且傳以通經爲義，義以必當爲主。

疏《正義》曰：且者，語辭。傳者，注解之别名。傳釋經意，傳示後人則謂之「傳」。注者，著也。約文敷暢，使經義著明則謂之「注」。作傳曰〔一〕題，不爲義例。或曰：前漢以前名「傳」，後漢以來名「注」。蓋亦未然，何則？馬融亦謂之「傳」，知或説非也。此言傳注解釋，則以通暢經指爲義，義之裁斷，則以必然當理爲主也。

補「不爲義例」，「例」誤「列」，今據監本、毛本改。「何則馬融亦謂之傳」，「何」誤「例」，今據《正誤》改。

至當歸一，精義無二，

疏《正義》曰：至極之當，必歸於一；精妙之義，焉有二三？將言諸家不同，宜會合

〔一〕「傳曰」，《孝經注疏》十行本同，泰定本、阮元本作「得自」。

之也。

安得不翦其繁蕪，而撮其樞要也？

疏《正義》曰：安，何也。諸家之說既互有得失，何得不翦截繁多蕪穢，而撮取其樞機要道也？

補宋王氏《困學紀聞》謂此序以上六句，乃襲《穀梁傳序》語。

韋昭、王肅，先儒之領袖；虞翻、劉邵，抑又次焉。

補「虞翻」，「翻」誤「飜」，今據岳本及《三國志》改，下同。

疏《正義》曰：自此至「有補將來」爲第四段，序作注之意。舉六家異同，會五經旨趣，敷暢經義，垂〔一〕益將來也。《吴志》曰：「韋曜，字宏嗣，吴郡雲陽人，本名昭，避晉文帝諱改名曜。仕吴，至中書僕射、侍中，領左國史，封高陵亭侯。」《魏志》曰：「王肅，字子雍，

〔一〕「垂」，《孝經注疏》十行本作「垂」，泰定本、阮元本作「望」。

王朗之子。仕魏，歷散騎黄門侍郎、散騎常侍，兼太常。」《吴志》：「虞翻，字仲翔，會稽餘姚人。漢末舉茂才，曹公辟不就。仕吴，以儒學聞，爲《老子》《論語》《國語》訓注，傳於世。」《魏志》：「劉邵，字孔才，廣平邯鄲人。仕魏，歷散騎常侍，賜爵關内侯。著《人物志》百篇。」此指言韋、王所學，在先儒之中如衣之有領袖也。虞、劉二家，亞次之。抑，語辭也。

補「領左國史」，「領」誤「須」，今據閩本、監本、毛本改。

「字子雍」，「雍」誤「維」，今據閩本、監本、毛本改。

「仕吴」，「仕」誤「事」，今據閩本、監本、毛本改。

「爲老子論語國語」，「論」誤「命」，今據《挍勘記》改。

福案：《經典序録》内無虞翻，惟有虞槃佑，字宏猷，高平人，東晉處士，未聞虞翻有《孝經》注説，明皇序未知所本。

劉炫明安國之本，陸澄譏康成之注。

疏《正義》曰：《隋書》云：劉炫，字光伯，河間景城人。炫左畫方、右畫圓、口誦、目數、耳聽，五事竝舉，無有遺失。仕後周，直門下省，竟不得官。爲〔一〕縣司責其賦役，炫自陳於内史，乞送詣吏部。吏部尚書韋世康問其所能，炫自爲狀曰：「《周禮》《禮記》《毛詩》《尚書》《公羊》《左傳》《孝經》《論語》，孔、鄭、王、何、服、杜等注凡十三家，雖義有精粗，竝堪講授。《周易》《儀禮》《穀梁》，用功差少；子史文集、嘉言美事，咸〔二〕誦於心。天文、律曆，窮覈微妙；公私文翰，未嘗假手。」吏部竟不詳試，除殿内將軍。仕隋，歷太學博士，罷歸河間，賊中餓死，門人〔三〕謚曰宣德先生。初，炫既得王邵所送古文孔安國注本，遂著《古文稽疑》以明之。蕭子顯《齊書》曰：陸澄，字彦淵，吴郡吴人也。少好學博覽，無所不知。起家仕宋，至齊，歷國子祭酒、光禄大夫。初，澄以晉荀昶所學爲非鄭玄所注，請不藏祕省，王儉違其議。

【補】「炫自陳於内史」，「史」誤「臾」，今據閩本、監本、毛本改。「乞送詣吏部」，「詣」字脱，今據《隋書》本傳補。

〔一〕「爲」字，《孝經注疏》諸本無，浦鏜《孝經注疏正字》云「脱爲字」，阮氏蓋據此補。

〔二〕「咸」原作「或」，據《孝經注疏》泰定本、十行本改。

〔三〕「門人」二字《孝經注疏》諸本無，浦鏜《孝經注疏正字》云：「當依本傳作『門人謚曰宣德先生』。」阮氏蓋據此補。

「孔鄭王何服杜等注」，「杜」誤「社」，今據閩本改。
「用功差少」，「差」誤「頗」，今據《隋〔一〕書》改。
「歷太學博士」，「博」誤「傳」，今據閩本、監本、毛本改。
「請不藏祕省」，「不」誤「文」，「省」誤「書」，今據《齊書》本傳改。

福案：《南史·陸澄傳》有與王儉書云：「世有一《孝經》，題爲鄭玄注，觀其用辭，不與注書相類。案玄自序所注衆書，亦無《孝經》，且爲小學之類，不宜列在帝典。」儉荅曰：「疑《孝經》非鄭所注。僕以此書明百行之首，實人倫所先，《七畧》《藝文》竝陳之六藝，不與《蒼頡》《凡將》之流也。鄭注虛實，前代不嫌，意謂可安，仍舊立置。」福案：陸澄譏非康成之注，其論十二驗最確，然疑《孝經》爲小學，則非是，王儉之言是也。

在理或當，何必求人。

疏《正義》曰：言但在注釋之理允當，不必譏非其人也。求，猶責也。

〔一〕「隋」原作「隨」，據道光九年刻本改。

今故特舉六家之異同，會五經之旨趣。

疏《正義》曰：六家即韋昭、王肅、虞翻、劉邵、劉炫、陸澄也。言舉此六家，而又會合諸經之旨趣耳。

約文敷暢，義則昭然；

疏《正義》曰：約，省也。敷，布也。暢，通也。言作注之體，直約省其文，不假繁多，能偏布通暢經義，使之昭明也。然，辭也。

分注錯經，理亦條貫。

疏《正義》曰：謂分其注解，閒錯經文也。經注雖然分錯，其理亦不相亂而有條有貫也。《書》云「若綱在綱，有條而不紊」，《論語》「子曰：參乎，吾道一以貫之」，是條貫其理也〔一〕。

〔一〕「是條貫其理也」，《孝經注疏》諸本作「是條之理也」，浦鏜《孝經注疏正字》云：「『是條之理也』疑『是條貫其理也』之誤。」阮氏蓋據此改。

寫之琬琰，庶有補於將來。

疏 琬琰，上音宛，下以冉切。《正義》曰：案《考工記》玉人職云：「琬圭九寸，而繅以象德。」注云：「琬，猶圜也，王使之瑞節也。諸侯有德，王命賜之，使者執琬圭以致命焉。繅，藉也。」又云：「琰圭九寸，判規，以除慝，以易行。」注云：「凡圭，琰上寸半。琰圭，琰半以上，又半爲瑑飾。諸侯有爲不義，使者征之，執以爲瑞節也。除慝，誅惡逆也。易行去煩苛。」今言以此所注《孝經》寫之琬圭、琰圭之上，若簡策之爲，庶幾有所裨補於將來學者。或曰：謂刊石也，而言「寫之琬琰」，取其美名耳。

補「易行去煩苛」，誤「易行上繁苛」，今據《周禮》鄭注改。

且夫子談經，志取垂訓。

疏《正義》曰：自此至序末爲第五段，言夫子之經言約意深，注繁文不能具載，仍作疏義以廣其旨也。且夫子所談之經，其志但取垂訓後代而已。

雖五孝之用則别，而百行之源不殊。

疏《正義》曰：五孝者，天子、諸侯、卿大夫、士、庶人五等所行之孝也。言此五孝之用雖尊卑不同，而孝爲百行之源，則其致一也。

補「諸侯」，「諸」誤「鍺」，今據閩本、監本、毛本改。

是以一章之中，凡有數句；一句之内，意有兼明。

疏《正義》曰：積句以成章，章者，明也，總義包體，所以明情者也。句必聯字而言。句者，局也，聯字分疆，所以局言者也。言夫子所脩之經，志在殷勤垂訓，所以「一章之中凡有數句，一句之内意有兼明」者也。若「移忠移順」「博愛」「廣敬」之類皆是。

補「聯字分疆」，「疆」誤「强」，今據《正誤》改。

具載則文繁，略之又義闕。

疏《正義》曰：言作注之體，意在約文敷暢，復恐太略，則大義或闕。

今存於疏，用廣發揮。

疏《正義》曰：此言必須作疏之義也。「發」謂發越，「揮」謂揮散。若其注文未備者，則具存於疏，用此義疏，以廣大、發越、揮散夫子之經旨也。

補「此言必須作疏之義也」，「須」誤「順」，今據《正誤》改。

福案：此即行沖奉詔所作之疏也。福又案《後漢書・荀淑傳》曰：「故漢制，使天下誦《孝經》〔一〕，選吏舉孝廉。」固是人人必讀之書。自唐天寶《孝經》成注之後，盛行於世，不但《孝經》人人必讀，即明皇序文，亦人人必讀。直至五代以後，猶在人口。故《玉壺清話》載党進辭朝日致詞，忽及「朕聞上古，其風朴畧」二句，曰欲官家知武人曾讀書。又《籍川笑林》載學士戲以《孝經序》作策題云：「韋昭王是何代之王？先儒領是何處之山？」此雖諧説，但可見昔人尚讀《孝經》，後之學者，漸多疎廢矣。

〔一〕「誦孝經」三字原脱，據《後漢書》補。

孝經義疏補

揚州阮福

孝經注疏卷一

唐明皇御注　陸德明音義
元行沖疏　宋邢昺校

開宗明義章

疏《正義》曰：開，張也。宗，本也。明，顯也。義，理也。言此章開張一經之宗本，顯明五孝之義理，故曰「開宗明義章」也。第，次也。一，數之始也。以此章總標，諸章以次結之，故爲「第一」，冠諸章之首焉。案《孝經》遭秦坑焚之後，爲河閒顔芝所藏，初除挾書之律，芝子貞始出之。長孫氏及江翁、后蒼、翼奉、張禹等所説皆十八章。及魯恭王壞孔子宅，得古文二十二章，孔安國作傳。劉向校經籍，比量二本，除其煩惑，以十八章爲定而不列名。又有荀昶集其録及諸家疏竝無章名，而《援神契》自《天子》至《庶人》五章，惟皇侃標其目，而冠於章首。今鄭注見章名，豈先有改除，近人追遠而爲之也？御注依古今、集詳議，儒官連狀題其章名，重加商量，遂依所請。章者，明也，謂分析科段，使理章明。《説文》曰：樂歌竟爲一章，章字從音、從十。謂從一至十。十，數之終。諸書言「章」者，蓋因《風》《雅》凡有科段，皆謂之「章」焉。言天子、庶人雖列貴賤，而立身行道，無限高卑，故次首章先陳天子，等差其貴賤，以至庶人。次及《三才》《孝治》《聖治》三章，竝敘德教之所由生也。《紀孝行章》敘孝子事親爲先，與五刑相因，即「夫孝始於事親」也。《廣要道章》《廣揚名章》即「先王有至德要道」「揚名於後世」也。揚名之上，因諫諍之臣，從諫之君必有應感，三章相次，不離於揚名。《事君章》即「中於事君」也。《喪親章》繼於諸章之末，言孝子事親之道紀也。皇侃以《開宗》及《紀孝行》《喪親》等三章通於貴賤。今案《諫諍章》大夫已上皆有争臣，而士有争友、父有争子，亦該貴賤，則通於貴賤者有四焉。

補 福謂：《開宗明義章》下鄭注本無「第一二」字，有唐陸德明《經典釋文》可證。《釋文》則唐初之書，可據也。自《天子章》至《喪親章》，皆當無次第數目。有次第數目，當是明皇所增，故石臺本、開成石經皆有之。《漢書·匡衡傳》引：「《大雅》曰：『無念爾祖，聿修厥德。』孔子著之《孝經》首章。」據此，則《孝經》分章，漢時已有，非自皇侃始，惟「開宗」

等字，不知爲何時人所始加耳。「樂歌竟爲一章」，案今本《説文》無「歌」字。

仲尼居，注仲尼，孔子字。「居」謂閒居。曾子侍。注曾子，孔子弟子。「侍」謂侍坐。

音義仲尼女持反。仲尼取象尼丘山。又音夷，字作「𡰥」，古夷字也，《援神契》云「蟲也」。居如字。《説文》作「凥」，音同，鄭玄云：「凥，凥講堂也。」王肅云：「閑居也。」孔安國云：「静而思道也。」曾，則能反，姓也。子男子美稱也。曾子，孔子弟子也，名曑，字子輿，魯人也，或作「參」，音同義别，下皆同。侍卑在尊者之側曰「侍」。

補福謂：「尼音夷，字作𡰥，古夷字」，《書·堯典》「厥民夷」，平也。蓋孔子首頂之平，若尼丘山頂之平，故以爲字。「凥」，許慎《説文》曰：「凥，處也。从尸，得几而止。」引《孝經》曰：「仲尼凥。凥，謂閒居如此。」臧氏鏞堂《孝經鄭氏解輯本》曰：「按『凥』當作『居』，此因《釋文》上云『説文作凥』，因并改鄭注，非鄭作凥。」福案：《説文》「凥」乃許氏受衛宏之真古文《孝經》。但凡經中「凥」字，皆隸變爲「居」，不能改矣。

又案：《説文》「森」字，許氏讀若曾曑之「曑」，所林反；晉灼讀如宋昌曑乘之「曑」，初三反。陸氏云：「音同義别。」今音亦别者。古音「驂」「曑」無别，特音分輕重耳。若曾子字子輿，則當義在所林反之「驂」。曑星取三星相連之義，曑乘取三人同輿之義。其實曑星、參乘，皆有「三」字之義，而「三」「曑」「驂」亦皆同音，是音義皆無別矣。

疏 仲尼凥，曾子侍。〇《正義》曰：夫子以六經設教，隨事表名，雖道由孝生，而孝綱未舉，將欲開明其道，垂之來裔。以曾參之孝先有重名，乃假因閒居，爲之陳說。自標己字，稱「仲尼居」；呼參爲子，稱「曾子侍」，建此兩句，以啓師資問荅之體，似若别有承受而記録之。注「仲尼」至「閒居」〇《正義》曰：云「仲尼，孔子字」者，案《家語》云：「孔子父叔梁紇，娶顔氏之女徵在。徵在既往廟見，以夫年長，懼不時有男，而私禱尼丘山以祈焉。孔子故名丘，字仲尼。」夫「伯仲」者，長幼之次也。仲尼有兄，字「伯」，故曰「仲」。其名則案桓六年《左傳》申繻曰名有五，其三曰「以類命爲象」，杜注云：「若孔子首象尼丘。」蓋以孔子生而圩頂，象尼丘山，故名丘，字仲尼。而劉瓛述張禹之義，以爲仲者，中也，尼者，和也。言孔子有中和之德，故曰「仲尼」。殷仲文又云：「夫子深敬孝道，故稱表德之字。」及梁武帝又以丘爲聚，以尼爲和。今竝不取。仲尼之先，殷之後也。案《史記·殷本紀》曰：帝嚳之子契，爲堯司徒，有功，堯封之於商，賜姓子氏。契後世孫湯，滅夏而爲天子，至湯裔孫，有位無道，周武王殺之，封其庶兄微子啓於宋。案《家語》及《孔子世家》皆云：孔子其先宋人也。宋襄公有子弗父何，長而當立，讓其弟厲公。何生宋父周，周生世子勝，勝生正考父，正考父受命爲宋卿，生孔父嘉，嘉別爲公族，故其後以孔爲氏。或以爲用乙配子，或以滴溜穿石，其言不經，今不取也。孔父嘉生木金父，木金父生皐夷父，皐夷父生防叔，避華氏之禍而奔魯。防叔生伯夏，伯夏生叔梁紇，紇生孔子也。云「居謂閒居」者，古文《孝經》云「仲尼閒居」，蓋謂〔一〕乘閒居而坐，與《論語》云「居吾語女」義同，而與下章「居則致其敬」不同。㊟「曾子」至「侍坐」○《正義》曰：云「曾子，孔子弟子」者，案《史記·仲尼弟子傳》稱：「曾參，南武城人，字子輿，少孔子四十六歲。孔子以爲能通孝道，故授之業，作《孝經》。死於魯。」故知是仲尼弟子也。云「侍謂侍坐」者，言侍孔子而坐也。案古文云「曾子侍坐」，故知「侍」謂侍坐也。卑者在尊側曰「侍」，故經謂之「侍」。凡侍有坐有立，此「曾子侍」即侍坐也。《曲禮》有「侍坐於先生」「侍坐於所尊」「侍坐於君子」，據此而言，明侍坐於夫子也。

補居，即閒居。《説文》：「居，蹲也。」謂以尻亓足指著地而跪，以脾坐於足之踝後。非若後世以脾著席，而伸兩足如箕爲箕踞也。家大人《曾子注釋》：「武城有二，南武城在

〔一〕「謂」，道光九年刻本，《孝經注疏》泰定本、十行本均作「爲」。

今山東嘉祥縣之南，徒言武城，則在今山東費縣西南。《孟子》所言『曾子居武城』，乃費縣也。《史記》所言『曾子南武城人』，乃嘉祥也。今曾子後裔，列四氏學襲博士者，皆居嘉祥，祠廟亦在嘉祥。」《史記・仲尼弟子列傳》：「曾參，孔子以爲能通孝道，故授之業，作《孝經》。」《陶淵明集》曰：「曾參受《孝經》而書之，游夏之徒常咨稟焉。」

「孔子生而圩頂」，今本或譌爲「汙頂」，今據監本、毛本改。家大人《孝經注疏挍勘記》案：「《史記・孔子世家》作『圩』，《索隱》謂：『圩，音烏，窳也。』《白虎通・姓名篇》云：『孔子首類尼丘山。』蓋中低而四旁高，如屋宇之反則。作『圩』是也。」

「劉瓛述張禹之義」，今本或譌爲「獻」，今據監本、毛本改。《挍勘記》云：「案，宋欽宗諱桓，兼避丸、瓛、洹等字，此作『獻』，承避宋諱故也。」

「宋襄公有子弗父何」，今本或譌爲「閔公」，今據《正誤》改。

子曰：「先王有至德要道，以順天下，民用和睦，上下無怨。注孝者，德之至、道之要也。言先代聖德之主，能順天下人心，行此至要之化，則上下神〔二〕人和

〔二〕「神」，《孝經注疏》作「臣」，浦鏜《孝經注疏正字》云「神誤臣」，阮氏蓋據此而改。

睦無怨。女知之乎？」曾子辟席曰：「參不敏，何足以知之？」【注】參，曾子名也。禮，師有問，避席起荅。敏，達也。言參不達，何足知此至要之義。子曰：「夫孝，德之本也，【注】夫人之行，莫大於孝，故爲德本。教之所由生也。【注】言教從孝而生。復坐，吾語女。」【注】曾參起對，故使復坐。

【音義】子孔子也。古者稱師曰「子」。曰語辭也。從乙在口上，乙象氣，人將發語，口上有氣，故「曰」字缺上也。凡「曰」皆放此。先王鄭玄云「禹，三王最先者」，案五帝官天下，三王禹始傳於殷，於殷配天，故爲孝教之始。王，謂文王也。有至德鄭云「至德，孝悌也」，王云「孝爲之至也」。要因妙反，注同。道鄭云「要道，禮樂也」，王云「孝爲道之要」。孝悌大計反，又順也。本今無此字。民用和睦音目，《字林》云「忘六反」。上下無怨紆萬反。女音汝，本或作「汝」，凡本「女」字，皆放此。汝，水名，音同義別。知之乎曾子辟音避，注同，本或作「避」。參所林反。不敏密隕反，達也。夫音符，注及下同。人之行下孟反。復音服，注同。坐在卧反，注同。女音汝，本今作「汝」。

【補】「言先代聖德之主」，「主」訛爲「生」，監本、毛本作「王」，今據石臺本、岳珂本改。

「女知之乎」，今本皆作「汝」，今據鄭注本、岳本改。

「夫孝德之本」，雖石臺本、唐石經、熙寧石刻皆作「夲」，但篆當作「本」，今皆改爲「本」。

「夫人之行」，今本皆脱「夫」字，今據《釋文》增。《挍勘記》云：「案《正義》云『此依鄭注』，據《釋文》注『人』上有一『夫』字，是明皇所删也。」

福案：「鄭玄云禹三王」以下三十三〔一〕字，皆小同注也。「案」字衍，兩「殷」字皆兩「啓」字之訛。小同意謂宗祀明堂之禮，始於夏啓，以嚴父配天也。《考工記》曰「夏后氏世室」「殷人重屋」「周人明堂」，此其據歟！臧氏鏞堂曰：「皇甫侃、陸德明、孔沖遠、賈公彦，皆以《孝經》爲夏制，當即此也。」

又家大人《孝經釋文挍勘記》云：「『孝悌』本今無此字。盧云『孝悌』見上文引鄭注。案，『悌』當本作『弟』，上同。臧氏琳《經義雜記》云：『《釋文·孝經》本用鄭氏注，後人據唐明皇注挍之，故於《釋文》所標注皆云「本今無此字」，又云「自某至某本今無」。閒有鄭注與唐注同，邢疏云「此依鄭注」者，則無挍語。蓋挍者不知唐注本乎鄭，見唐注所有，故即以爲唐注而無疑。』按：臧氏説是也。今舉此五字，其餘可以類推。」

〔一〕「三」字疑當作「二」。

福案：德明於貞觀中官國子博士，下距明皇撰注時將及百年矣。「曑」「參」篆隸之異字，子輿義取參乘。

【疏】「子曰」至「語汝」○《正義》曰：子者，孔子自謂。案《公羊傳》云：「子者，男子通稱也。」古者謂師爲「子」，故夫子以「子」自稱。曰者，辭也。言先代聖帝明王，皆行至美之德、要約之道，以順天下人心而教化之，天下之人被服其教，用此之故，竝自相和睦，上下尊卑，無相怨者。參，汝能知之乎？又假言參聞夫子之説，乃避所居之席，起而對曰：參性不聰敏，何足以知先王至德要道之言義？既敘曾子不知，夫子又爲釋之曰：夫孝，德行之根本也。釋「先王有至德要道」，謂至德要道元出於孝，孝爲德之本也。云「教之所由生也」者，此釋「以順天下，民用和睦，上下無怨」，謂王教由孝而生也。孝道深廣，非立可終，故使復坐，吾語汝也。㊟「孝者」至「無怨」○《正義》曰：云「孝者，德之至、道之要也」者，依王肅義。德以孝而至，道以孝而要，是道德不離於孝。殷仲文曰：「窮理之至，以一管衆爲要。」㊟「參曾」至「之義」○《正義》曰：性未達，何足知？此依劉注也。言性未達，何足知至要之義者，謂自云性不達，何足知此先王至德要道之義也。㊟「夫人」至「德本」○《正義》曰：此依鄭注引其《聖治章》文也，言孝行最大，故爲德之本也。「德」則至德也。

注「言教從孝而生」〇《正義》曰：此依韋注也。案《禮記·祭義》稱曾子云：「衆之本教曰孝。」《尚書》「敬敷五教」，解者謂教父以義、教母以慈、教兄以友、教弟以恭、教子以孝。舉此，則其餘順人之教皆可知也。注「曾參」至「復坐」〇《正義》曰：此義已見於上。

補「以一管衆爲要注曾參至之義〇正義曰」，今本皆在「爲要」下脱去「注參」至「正義」九字，今據《正誤》增。又案：《挍勘記》云：「下文『劉炫』疑『正義』二字之訛。」今據此删去「劉炫」二字。

「性未達何足知此依劉注也」，今本無「此依劉注也」五字，今據盧氏召弓挍本增。

福案：漢陸賈《新語》：「孔子曰：『有至德要道，以順天下。』言德行而其下順之矣。」此漢人説《孝經》之義也。家大人《揅經室集·釋順》云：「孔子生於春秋時，志在《春秋》行〔一〕在《孝經》，其稱至德要道之於天下也，不曰治天下，不曰平天下，但曰順天下，順之時義大矣哉，何後人置之不講也？《孝經》『順』字凡十見，《開宗明義章》『以順天下』，《士章》『以敬事長則順』『忠順不失』，《三才章》『以順天下』，《聖治章》『以順則逆』，《廣要道章》

〔一〕「在春秋行」四字原脱，據《揅經室集》補。

『教民禮順』，《廣至德章》『孰能順民如此其大者乎』，《廣揚名章》『順可移於長』，《感應章》『長幼順』，《事君章》『將順其美』。順與逆相反，《孝經》之所以推孝弟以治天下者，順而已矣，故曰：『先王有至德要道，以順天下，民用和睦，上下無怨。』又曰：『夫孝，天之經也，地之義也，民之行也。天地之經，而民是則之。則天之明，因地之利，以順天下。』又曰：『教民禮順，莫善於悌。』又曰：『非至德，其孰能順民如此其大者乎？』是以卿大夫、士，本孝弟忠敬，以立身處世，故能保其禄位，守其宗廟，反是，則犯上作亂，身亡祀絕。《春秋》之權所以制天下者，順逆閒耳。魯臧、齊慶，皆逆者也。此非但孔子之恒言也，列國賢卿大夫，莫不以順字爲至德要道，是以《春秋》三傳、《國語》之稱順字者最多，皆孔子《孝經》之義也。」

福謂：三王、孔子之道，皆本於堯舜，「民用和睦」「上下無怨」即《堯典》「九族既睦，平章百姓；百姓昭明，協和萬邦，黎民於變時雍」也。舜以大孝治天下，即三王之要道也。

《後漢書·延篤傳》曰：「篤以病歸，教授家巷，時人或疑仁孝前後之證，篤乃論之曰：『觀夫仁孝之辯，紛然異端，互引典文，代取事據，可謂篤論矣。夫人二致同源，總率百行，非復銖兩輕重，必定前後之數也。而如欲分其大較，體而名之，則孝在事親，仁施品物。施物則功濟於時，事親則德歸於己，於己則事寡，濟時則功多。推此以言，仁則遠矣。然物有出微而著，事有由隱而章。近取諸身，則耳有聽受之用，目有察見之明，足有致遠之勞，手有飾衛之功，功雖顯外，本之者心也。遠取諸物，則草木之生，始於萌牙，終於彌蔓，枝葉扶踈，榮華紛縟，末〔一〕雖繁蔚，致之者根也。夫仁人之有孝，猶四體之有心腹，枝葉之有本根也。聖人知之，故曰：「夫孝，天之經也，地之義也，人之行也。」「君子務本，本立而道生。孝弟也者，其爲人之本與！」然體大難備，物性好偏，故所施不同，事少兩兼者也。如必對其優劣，則仁以枝葉扶踈爲大，孝以心體本根爲先，可無訟也。或謂先孝後仁，非仲尼序回、參之意。蓋以爲仁孝同質而生，純體之者，則互以爲稱，虞舜、顔回是也；若偏而體之，則各有其目，公劉、曾參是也。夫曾、閔以孝弟爲至德，管仲以九合爲仁功，未有論德不先回、參，考功不大夷吾。以此而言，名從其稱者也。』」《孳經室集・論語解》云：「《後漢書・延篤傳》曰：『夫仁人之有孝，猶四體之有心腹，枝葉之有根本也。聖人知之，故曰：「夫孝，天之經也，地之義也，人之行也。」「君子務本，本立而道生。孝弟也

〔一〕「末」原作「木」，據《後漢書》改。

者，其爲人之本與！」』觀此，延篤以此節十九字與《孝經》十四字，同引爲孔子之言，其爲兩漢人舊説，皆以爲孔子之言矣。延篤，後漢人，博通經傳，寬仁卹民。其論仁孝也，語質而義明，足爲《論語》此章注解，不似後人求之太深，而反失聖人本意。」福案：《孝經》無「仁」字，有「愛」字、「慈」字。「仁」字生於「孝」字、「愛」字、「慈」字之中，孝爲德之本，即是孝爲仁、愛、慈之本也。「孝」字是堯、舜、禹、湯以來之至德要道，周以來又從「孝」「愛」「慈」字内生出「仁」字也。

曾子遜言不敏，《論語》孔子曰「參也魯」，似曾子爲質魯而不敏之人。但《曾子立事》篇曰：「君子既學之，患其不博也。」家大人注曰：「博，大通也。孔門論學，首在於博，孔子曰：『君子博學於文，約之以禮。』達巷黨人以博學深美孔子。孔子又曰：『博學之，審問之。』顏子曰：『夫子循循然善誘人，博我以文，約我以禮。』子夏曰：『博學而篤志。』孟子曰：『博學而詳説之。』故先王遺文，有一未學非博也。曾子博學，罕可見知。然如今《儀禮》十七篇，儒者已苦難讀。曾子時《禮經》在魯，篇第必十倍於今，而《曾子問》一篇，皆窮極變禮，非曾子不能問，非孔子不能荅，然則正禮無不學習可知，此博學可窺之一端。故聖賢之學，不避難以就易，不避實以蹈虚。故顏、曾文學之博，同於游、夏，但不以此成名，與孔子同。故曾子聰明睿知，惟孔子可稱爲『魯』。」福謂：曾子自遜不敏，而孔子仍坐語之，此敏之證也。

家大人云：「『民用和睦，上下無怨』二句，雖是言天下古今之孝道，但孔子之意，實從周公『嚴父配天』『四方民大和會』而起。」福案：此義詳見《聖治章》。

身體髮膚，受之父母，不敢毁傷，孝之始也。【注】父母全而生之，己當全而歸之，故不敢毁傷。立身行道，揚名於後世，以顯父母，孝之終也。【注】言能立身行此孝道，自然揚名後世，光顯其親，故行孝以不毁爲先，揚名爲後。

【音義】身體髮膚方于反。不敢毁如字，《蒼頡篇》云：「毁，破也。」《廣雅》云：「虧也。」傷父母得其顯譽音豫。也者

【補】「揚名於後世」之「世」字，唐石經作「卋」，蓋避太宗諱也。

「光顯其親」，石臺本、岳本「顯」作「榮」。

【疏】「身體」至「終也」○《正義》曰：「身」謂躬也。「體」謂四支也。「髮」謂毛髮。「膚」謂皮膚。《禮運》曰：「四體既正，膚革充盈。」《詩》曰：「鬒髮如雲。」此則「身體髮膚」之謂

也。言爲人子者，常須戒慎，戰戰兢兢，恐致毁傷，此孝行之始也。又言孝行非惟不毁而已，須成立其身，使善名揚於後代，以光榮其父母，此孝行之終也。若行孝道不至揚名榮親，則未得爲立身也。㊟「父母」至「毁傷」〇《正義》曰：云「父母全而生之，己當全而歸之」者，此依鄭注引《祭義》樂正子春之言也。言子之初生，受全體於父母，故當常自念慮，至死全而歸之，若曾子啓手、啓足之類是也。云「故不敢毁傷」者，「毁」謂虧辱，「傷」謂損傷。故夫子云「不虧其體，不辱其身，可謂全矣」，及鄭注《周禮》「禁殺戮」云「見血爲傷」是也。㊟「言能」至「爲後」〇《正義》曰：云「言能立身行此孝道」者，謂人將立其身，先須行此孝道也。其行孝道之事，則下文「始於事親，中於事君」是也。云「自然揚名後世，光榮其親」者，皇侃云：「若生能行孝，没而揚名，則身有德譽，乃能光榮其父母也。」因引《祭義》曰：「孝也者，國人稱願然曰：『幸哉！有子如此。』」又引《哀公問》稱：「孔子對曰：君子也者，人之成名也。百姓歸之名，謂之君子之子，是使其親爲君子也。」此則揚名榮親也。云「故行孝以不毁爲先」者，全其身爲孝子之始也；云「揚名爲後」者，謂後行孝道爲孝之終也。夫不敢毁傷，闔棺乃止；立身行道，弱冠須明。經雖言其始終，此畧示有先後，非謂不敢毁傷唯在於始，立身行道獨在於終也；明不敢毁傷、立身行道，從始至末，兩行無怠。此於次有先後，非於事理有終始也。

補《曾子大孝》篇云：「樂正子春下堂而傷其足，傷瘳，數月不出，猶有憂色。門弟子問曰：『夫子傷足，瘳矣，數月不出，猶有憂色，何也？』樂正子春曰：『善，如爾之問也。吾聞之曾子，曾子聞諸夫子曰：「天之所生，地之所養，人爲大矣。父母全而生之，子全而歸之，可謂孝矣；不虧其體，可謂全矣。」故君子頃步之不敢忘也。今予忘夫孝之道矣，予是以有憂色。』故君子一舉足，不敢忘父母；一出言，不敢忘父母。一舉足不敢忘父母，故道而不徑，舟而不游，不敢以先父母之遺體行殆也。」福謂：此篇，乃見孔子傳曾子，曾子傳門人以《孝經》大義之實據。《論語》曾子曰：「『戰戰兢兢，如臨深淵，如履薄冰。』而今而後，吾知免夫，小子！」即不敢毀傷之義。《曾子制言下》篇曰：「君子不犯禁而入人境，不通患而出危邑，則秉德之士不讇矣。故君子不讇富貴以爲己説，不乘貧賤以居己尊。凡行不義，則吾不事；不仁，則吾不長。奉相仁義，則吾與之聚羣；嚮爾寇盜，則吾與慮。」又《立事》篇：「戰戰唯恐刑罰之至也。」此亦不敢毀傷之義。又《大孝》篇曰：「刑自反此作。」家大人注曰：「違反孝道，則刑戮及身。」此亦不敢毀傷之義也。孔子爲弟子講學，皆日以「不敢」二字爲義，故《孝經》十八章，自天子至庶人，凡言「不敢」者九，「不敢毀傷」「不敢惡於人」「不敢慢於人」「非先王之法服不敢服」「非先王之法言不敢道」「非先王之德行不敢行」「不敢遺小國之臣」「不敢侮於鰥寡」「不敢失於臣妾」是也。曾子謹守孔子之訓，故《曾子十篇》，凡言「不敢」者十有八，「不敢忘其親也」「不敢肆行」「不敢自專也」「不敢改父之道」「不敢臣三德」「不敢言人父，不能畜其子者」「不敢言人兄，不能順其弟者」「不敢言人君，不能使其臣者」「君子頃步之不敢忘也」「君子一舉足不敢忘父母」「一出言不敢忘父母」「一舉足不敢忘父母，故道而不徑，舟而不游」「不敢以先父母之遺體行殆也」「一出言不敢忘父母，是故惡言不出於口，忿言不及於己」「達善而不敢争辨」「不敢外交」「不敢求遠」「不敢言大」是也。又案《儀禮・士喪禮》「鬊蚤埋於坎」，此亦是生前不敢毁傷之義，且即是全受全歸之本義也。《北史・儒林・何妥傳》曰蘇綽戒子威云：「讀《孝經》一卷，足以立身治國，何用多爲？」此亦説《孝經》立身之古義也。「揚名」，福案：古聖賢以名爲重。《易》云：「善不積，不足以成名。」《禮記》云：「身不失天下之顯名。」又云：「將爲善，思貽父母令名，必果。」《曾子大孝》篇曰：「父母既没，慎行其身，不遺父母惡名，可謂能終也。」舉此數則，皆可證《孝經》孔子此語之義。而曾子之説，則傳自《孝經》也。

夫孝，始於事親，中於事君，終於立身。注 言行孝以事親爲始，事君爲中，忠孝道著，乃能揚名榮親，故曰「終於立身」也。

音義 卌彊其良反。而仕行步不逮音代，亦及也，又音六計反。縣音玄。車音居。致仕自「父母」至「仕」字本今無。

補 臧氏曰：「《正義》約鄭注引之，非其本文，故與《釋文》所標者異，分之則兩全，合之則兩傷。舊輯多以意并合，非也。《釋文》通志堂徐氏本『强〔一〕』亦作『彊』，葉林宗影宋鈔本作『强』。」

疏「夫孝」至「立身」○《正義》曰：夫爲人子者，先能全身，而後能行其道也。夫行道者，謂先能事親，而後能立其身。前言立身，未示其跡。其跡，始者在於内事其親，中者在於出事其主；忠孝皆備，揚名榮親，是「終於立身」也。注「言行」至「身也」○《正義》曰：云「言行孝以事親爲始，事君爲中」者，此釋「始於事親，中於事君」也。云「忠孝道著，乃能揚名榮親，故曰『終於立身』也」者，此釋「終於立身」也。然能事親事君，理兼士庶，則終於立身，此通貴賤焉。鄭玄以爲「父母生之，是事親爲始；四十强而仕，是事君爲中；七十致仕，是立

〔一〕「强」原作「彊」，據臧庸《孝經鄭氏解輯本》改。

身爲終也」者，劉炫駁云：「若以始爲在家，終爲致仕，則兆庶皆能有始，人君所以無終。若以年七十者始爲孝終，不致仕者皆爲不立，則中壽之輩盡曰不終，顏子之流亦無所立矣。」

補「是終於立身也」，脱去「也」字，《正誤》云：「『身』下當補一『也』字。」今據此增。福謂：「中於事君」，事君當忠也。故《曾子本孝》篇曾子曰：「忠者，其孝之本與！」《大戴禮・衛將軍文子》篇引孔子曰：「孝，德之始也；弟，德之序也；信，德之厚也；忠，德之正也。參也，中夫四德者矣。」此曾子受孔子中於事君之教，有忠、孝二德之據也。

《大雅》云：「毋念爾祖，聿脩厥德。」注《詩・大雅》也。無念，念也。聿，述也。厥，其也。義取恒念先祖，述脩其德。

音義 大雅云此《文王》之詩六章文。毋音無，本亦作「無」。念鄭玄云：「無念，無忘也。」《爾雅》云：「勿念也。」爾祖聿尹吉反，《爾雅》循也，述也。本今作「爾」。

補「毋念」，本作「無念」，今據鄭注本改，《左傳・文二年》趙成子引《詩》亦作「毋」同。

疏「大雅」至「厥德」○《正義》曰：夫子述敘立身行道揚名之義既畢，乃引《大雅・文王》之詩以結之。言凡爲人子孫者，常念爾之先祖，當述脩其功德也。注「詩大」至「其德」○《正義》曰：云「無念，念也。聿，述也」者，此竝《毛傳》文。云「厥，其也」者，《釋言》文。

云「義取恒念先祖，述脩其德」者，此依孔傳也，謂述修先祖之德而行之。此經有十一章引《詩》及《書》，劉炫云：「夫子敘經，申述先王之道。《詩》《書》之語，事有當其義者，則引而證之，示言不虚發也。七章不引者，或事義相違，或文勢自足，則不引也。五經唯傳引《詩》，而《禮》則雜引，《詩》《書》及《易》竝意及則引。若汎指，則云『詩曰』『詩云』；若指四始之名，即云《國風》《大雅》《小雅》《魯頌》《商頌》；若指篇名，即言『勺曰』『武曰』，皆隨所便而引之，無定例也。」鄭注云：「雅者，正也。方始發章，以正爲始。」今無取焉。

天子章

疏《正義》曰：前《開宗明義章》雖通貴賤，其跡未著，故此已下至於《庶人》凡有五章，謂之「五孝」，各就行孝奉親之事而立教焉。天子至尊，故標居其首。案《禮記·表記》云「惟天子受命於天」，故曰天子；《白虎通》云「王者父天母地」，故曰天子。虞、夏以上〔一〕，未有此名；殷、周以來，始謂王者爲天子也。

〔一〕「上」原作「來」，據《孝經注疏》泰定本、十行本改。

補「王者父天母地故曰天子」，「故」誤「亦」，今據《正誤》改。

子曰：愛親者，不敢惡於人；注博愛也。敬親者，不敢慢於人。注廣敬也。愛敬盡於事親，而德教加於百姓，刑於四海，注刑，法也。君行博愛、廣敬之道，使人皆不慢惡其親，則德教加被天下，當爲四夷之所法則也。蓋天子之孝也。注蓋，猶畧也。孝道廣大，此畧言之。

音義子曰此一「子曰」，通《天子》《諸侯》《卿大夫》《士》《庶人》五章也。不敢惡烏路反，注同，舊如字。於人不敢慢亡諫反，俗作「慢」。於人愛敬盡津忍反。於事親形于法也，字又作「刑」。四海刑見賢遍反，下同。本今無「刑見」字。

補明皇本「刑」字，《釋文》、鄭注本皆作「形」字。臧氏曰：「按『惡』讀『烏路反』者，唐注也；舊讀如字，必鄭注。陸爲鄭作音，不當先言『烏路反』，此類皆後人改竄，故稱舊，以存陸氏原本耳。鄭作『形』，注云『形，見』，唐本作『刑』，注云『刑，法也』，《釋文》有『法也』二字，亦淺人所加。《孝經序》：『雖無德教加於百姓，庶幾廣愛形于四海。』此參用鄭本也。《正義》曰：『經作「刑」，刑法也。此作「形」，形猶見也。義得兩通。』可與《釋文》本互證。然此經『形于四海』猶《感應章》『光于四海』，當從鄭作『形』；唐本作『刑』，非也。又凡古文經作『于』，今文及傳注作『於』，《論語》《孝經》皆傳也。今《孝經》又今文，故字皆作『於』，而不當作『于』。此章『加於百姓，刑于四海』與《感應章》『通於神明，光于四海』，『於』『于』字，前後皆錯見，非也。考此章，石臺本、唐石經、岳本皆作『刑于四海』，蓋因《詩·思齊》有『刑于』之文，相涉誤改。《庶人章》正義作『加於百姓，刑於四海』，當據以訂正。」福謂：鄭注「形，見」，唐注「刑，法」，唐注訓法義長。蓋聖人言孝至此，意在法則，故下即接引《吕刑》也。至于字之假借無定，「形」亦可通訓爲法，「刑」亦可通訓爲見。

疏「子曰」至「孝也」〇《正義》曰：此陳天子之孝也。所謂「愛親」者，是天子身行愛敬也。「不敢惡於人」「不敢慢於人」者，是天子施化，使天下之人皆行愛敬，不敢慢惡於其親也。「親」謂其父母也。言天子豈惟因心内恕，克己復禮，自行愛敬而已，亦當設教施令，使天下之人不慢惡於其父母，如此，則至德要道之教加被天下，亦當使四海蠻夷慕化而法則之，此蓋是天子之行孝也。《孝經援神契》云：「天子行孝曰『就』。」言德被天下，澤及萬物，始終成就，榮其祖考也。五等之孝，惟於《天子章》稱「子曰」者，皇侃云：「上陳天子極尊，下列庶人極卑，尊卑既異，恐嫌爲孝之理有別，故以一『子曰』通冠五章，明尊卑貴賤有殊，而奉親之道無二。」㊟「博愛也」○《正義》曰：此依魏注也。博，大也。言君愛親，又施德教於人，使人皆愛其親，不敢有惡其父母者，是博愛也。㊟「廣敬也」○《正義》曰：此依魏注也。廣，亦大也。言君敬親，又施德教於人，使人皆敬其親，不敢有慢其父母者，是廣敬也。孔傳以「人」爲天下衆人，言君愛敬己親則能推己及物。謂有天下者愛敬天下之人，有一國者愛敬一國之人也。不惡者，爲君常思安人，爲其興利除害，則上下無怨，是爲至德也。不慢者，則《曲禮》曰「毋不敬」，《書》曰「爲人上者，奈何不敬」，君能不慢於人，脩己以安百姓，則千萬人悦，是爲要道也。上施德教，人用和睦，則分崩離析無由而生也。案《禮記·祭義》稱：「有虞氏貴德而尚齒，夏后氏貴爵而尚齒，殷人貴富而尚齒，周人貴親而尚齒。虞、夏、殷、周，天下之盛王也，未有遺年者。年之貴乎天下久矣，次乎事親也。」斯亦不敢慢於人也。所以於《天子章》明愛敬者，王肅、韋昭云：「天子居四海之上，爲教訓之主，爲教易行，故寄易行者宣之。」然愛之與敬，解者衆多。袁宏云：「親至結心爲愛，崇恪表迹爲敬。」劉炫云：「愛惡俱在於心，敬慢竝見於貌。愛者隱惜而結於内，敬者嚴肅而形於外。」皇侃云：「愛、敬各有心、迹，蒸蒸至惜是爲愛心，温清搔摩是爲愛迹，肅肅悚悚是爲敬心，拜伏擎跪是爲敬迹。」舊説云：「愛生於真，敬起自嚴。孝是真性，故先愛後敬也。」舊問云：「天子以愛敬爲孝，及庶人以躬耕爲孝，五者並相通否？」梁王荅云：「天子既極愛敬，必須五等行之，然後乃成。庶人雖在躬耕，豈不愛敬及不驕、不溢已下事邪？以此言之，五等之孝互相通也。」然諸侯言保社稷，大夫言守宗廟，士言保其禄位而守其祭祀，以例言之，天子當云保其天下，庶人當言保其田農，此畧之不言，何也？《左傳》曰：「天子守在四夷。」故「愛敬盡於事親」之下，而言「德教加於百姓，刑于四海」，保守之理已定，不煩更言保也。庶人用天之道，分地之利，謹身節用，保守田農，不離於此，既無守任，不假言保守也。注「刑法」至「則也」○《正義》曰：云「刑，法也」者，《釋詁》文。云「君行博愛、廣敬之道，使人皆不慢惡其親」者，是天子愛敬盡於事親，又施德教，使天下之人皆不敢慢惡其親也。云「則德教加被於天下」者，釋「刑于四海」也。「百姓」謂天下之人皆有族姓，言百，舉其多也。《尚書》云「平章百姓」，則謂「百姓」爲百官，爲下有「黎民」之文，所以百姓非兆庶也。此經「德教加於百姓」，則謂天下百姓，爲與「刑于四海」相對。「四海」既是四夷，則此「百姓」自然是天下兆庶也。經典通謂四夷爲「四海」。案《周禮》《禮記》《爾雅》皆言東夷、西戎、南蠻、北狄謂之四夷，或云四海，故注以「四夷」釋「四海」也。孫炎曰：「海者，晦暗無知也。」注「蓋猶」至「畧言之」○《正義》曰：此依魏注也。案孔傳云：「蓋者，辜較之辭。」劉炫云：「辜較，猶梗概也。孝道既廣，此纔取其大畧也。」劉瓛云：「蓋者，不終盡之辭。明孝道之廣大，此畧言之也。」皇侃云：「陳畧如此，未能究竟。」是也。鄭注云：「蓋者，謙辭。」據此而言，「蓋」非謙也。劉炫駮云：「若以制作須謙，則庶人亦當謙矣。苟以名位須謙，夫子曾爲大夫，於士何謙而亦云『蓋』也？斯則卿士以上之言，蓋者竝非謙辭可知也。」

補「博愛也○正義曰此依魏注也」，福案：唐陸德明《經典釋文》内《注解傳述人》，注《孝經》者，有魏散騎常侍蘇林、魏吏部尚書何晏、魏光禄勳劉邵，惟此三人，是魏時人。未知此魏注爲誰，大約皇侃爲《義疏》時所見魏人之本也。

「袁宏云」，今本誤爲「沈宏」，今據《正誤》引陸氏《注解傳述人》改。

「五者竝相通否」，「五」今本訛爲「正」，今據《挍勘記》改。

「不假言保守也」，「言」今本訛爲「旨」，今據《正誤》改。

「案周禮禮記爾雅」，今本無「禮記」之「禮」字，今據《正誤》增。

福案：《孝經》重「敬」字，「敬」字凡二十二見，而首見於此。《揅經室續集·釋敬》云：「古聖人造一字，必有一字之本義，本義最精確無弊。『敬』字从苟从攴，『苟』篆文作

『茍』，音亟，非苟也。茍即敬也，加攴以明擊敕之義也。『警』从敬得聲得義。故《釋名》曰：『敬，警也，恒自肅警也。』此訓最先、最確。蓋敬者，言終日常自肅警，不敢迨逸放縱也。故《周書·謚法解》曰『夙夜警戒曰敬』，《易》曰『君子終日乾乾，夕惕若厲』，《書》曰『節性，惟日其邁』，日邁者，日乾乾也。《尚書》以『無逸』名篇，《國語》敬姜論勞逸之義爲千古至言，孔子歎之，此敬姜之所以謚爲『敬』也。欲知『敬』字之古訓本義，試思敬姜之論即明矣，非端坐靜觀主一之謂也。故以肅警無逸爲敬。凡服官之人、讀書之士，所當終身奉之者也。」福謂：家大人釋「敬」字主于「攴茍」之義，《孝經》此「敬」字，後人未有不以爲心中恭敬之義者。但敬父、敬兄、敬君，若專主心中恭敬説，則仍是空言，非《曾子立事》之義，必須如《釋敬》所言，方實在事上言之。譬如敬父則服勞奉養，先意承志，能竭其力，居處懽愉之類，時時茍攴，非但心存恭敬已也。敬君則曰贊贊襄，馳驅鞅掌，夙夜匪懈，王事靡盬之類，時時茍攴，非但心存恭敬已也。故此章末引《詩》曰：「夙興夜寐，無忝爾所生。」與「夙夜匪懈，以事一人」同也。《曾子立孝》篇曰：「夙興夜寐，無忝爾所生，言不自舍也。不耻其親，君子之孝也。」即曾子受孔子《孝經》之義也。

福又案：「不敢惡於人」「不敢慢於人」，「人」字包諸侯、卿大夫、士、庶人而言，明皇注不如《正義》所引孔傳義爲長。經言天子不敢惡慢於人，非使人不敢各惡慢其親也。《禮記·中庸》「凡爲天下國家有九經」，「九經」即不敢惡慢之要道也。百姓、四海曰：「天子尚不敢惡慢於我之親，我豈可不愛敬我親？」此德教刑于也。百姓、四海，各盡孝道，不敢犯上作亂，則天子亦永保四海，得以長奉先王之郊祀、宗祀也。孔子於諸侯、卿大夫、士則曰然後能保其社稷、然後能守其宗廟、然後能保其禄位，於天子但曰「德教加於百姓，刑於四海」，不言然後能保其四海者，此孔子《春秋》尊王之義。孔子時王室更弱，幾於不保，不肯斥言，正所謂「志在《春秋》，行在《孝經》」，非不煩言保也。諸侯之社稷，天子可予奪之；卿大夫之禄位，諸侯能予奪之。保守者能盡孝道，不致爲上所奪，爲下所犯也，故曰「志在《春秋》，行在《孝經》」，《孝經》所以維持上下封建也。「愛親者不敢」「敬親者不敢」，二「者」字乃泛指，未嘗斥言天子，而實首言天子之事，此天子所以亦當戰戰兢兢，以保天下四海，即二「不敢」之義也。此堯、舜、夏、商相傳至周公、孔子之至德要道，非別有不易知之道也。

又案：《孟子》云：「天子不仁，不保四海；諸侯不仁，不保社稷；卿大夫不仁，不保宗廟；士庶人不仁，不保四體。」福謂：孔子於經則不肯斥言之，至於《孟子》是子書，故可直言之。孟子此言，蓋孔門口授之大義，孟子始著之於書也。仁以孝爲先，故孟子曰：「仁之實，事親是也。」仁孝同也。家大人曰：「孔子曰：『吾志在《春秋》，行在《孝經》。』此八字實爲至聖之微言，久有傳授，爲緯書所收録，非緯書家所能撰託。蓋《春秋》以帝王大法，治之於已事之後；《孝經》以帝王大道，順之於未事之前，皆所以維持君臣、安輯家邦者也。君臣之道立，上下之分定，於是乎聚天下之士、庶人，而屬之君、卿大夫；聚天下之君、卿大夫，而屬之天子。上下相安，君臣不亂，則世無禍患，民無傷危矣。即如百乘之家，不敢上僭千乘；千乘之國，不敢上僭萬乘，則天下永安矣。且千乘之國，不降爲百乘；百乘之家，不降爲庶人，則天下更永安矣。《論語》曰：『其爲人也孝弟，而好犯上者，鮮矣；不好犯上而好作亂者，未之有也。君子務本，本立而道生。孝弟也者，其爲人之本與！』《論語》此章即《孝經》之義也。不孝則不仁，不仁則犯上作亂，無父無君，天下亂，兆民危矣。《春秋》所以誅亂臣賊子者，即此義也。《孟子》曰：『何必曰利，亦有仁義而已矣。上下交征利，千乘之國，百乘之家，皆弑其君，不奪不厭。』此首章亦即《孝經》之義，孔孟正傳在此。戰國以後，縱横兼并，秦祚不永，由於不仁，不仁本於不孝，故至於此也。賈誼知秦之不施仁義，而不知秦之本於不知《孝經》之道也。」

《甫刑》曰：「一人有慶，兆民賴之。」注《甫刑》即《尚書·吕刑》也。「一人」，天子也。「慶」，善也。十億曰「兆」。義取天子行孝，兆人皆賴其善。

音義甫刑《尚書》作「吕刑」。兆知從八正，直表反，十億曰兆。民百萬曰兆民。賴之引辟上鹿艾反。「辟」止本或作「譬」，同匹臂反。本今無「引辟」二字。

補《文選·孫子荆〈爲石仲容與孫皓書〉》注引鄭玄《孝經注》曰「引譬連類」。《正義》曰：「鄭注以書録王事，故證《天子》之章，以爲引類得象。」臧氏曰：「《正義》約鄭義，故與陸、李二家所據不合。」

疏「甫刑」至「賴之」〇《正義》曰：夫子述天子之行孝既畢，乃引《尚書·甫刑》篇之言，以結成其義。慶，善也。言天子一人有善，則天下兆庶皆倚賴之也。善則愛敬是也。「一人有慶」，結「愛敬盡於事親」已上也；「兆民賴之」，結「而德教加於百姓」已下也。注「甫刑」至「其善」〇《正義》曰：云「《甫刑》即《尚書·吕刑》也」者，《尚書》有《吕刑》而無《甫刑》也。案《禮記·緇衣》篇孔子兩引《甫刑》辭，與《吕刑》無别，則孔子之代以「甫刑」命篇明矣。今《尚書》爲「吕刑」者，孔安國云：「後爲甫侯，故或稱『甫刑』。」知者，以《詩·大雅·嵩高》之篇宣王之詩云「生甫及申」，《揚之水》篇平王之詩「不與我戍甫」，明子孫改封爲甫侯。不知因呂國改作「甫」名，不知別封餘國而爲「甫」號。然子孫封甫，穆王時未有「甫」名，而稱爲「甫刑」者，後人以子孫之國號名之也，猶若虞叔初封於唐，子孫封晉，而《史記》稱「晉世家」也。劉炫以爲「遭秦焚書，各信其學，後人不能改正，而兩存之也」者，非也。諸章皆引《詩》，此章獨引《書》者，以孔子之言，布在方策，言必皆引《詩》《書》證事，示不馮虚説，義當《詩》意則引《詩》，義當《易》意則引《易》，此章與《書》意義相契，故引爲證也。鄭注以《書》録王事，故證《天子》之章，以爲引類得象，然引《大雅》證《大夫》，引《曹風》證《聖治》，豈引類得象乎？此不取也。云「一人天子也」者，依孔傳也。舊説天子自稱則言「予一人」。予，我也。言我雖身處上位，猶是人中之一耳，與人不異，是謙也。若臣人稱之，則惟言「一人」，言四海之内惟一人，乃爲尊稱也。天子者，帝王之爵，猶公、侯、伯、子、男五等之稱。云「慶善也」者，《書》、傳通也。云「十億曰兆」者，古數爲然。云「義取天子行孝，兆人皆賴其善」者，釋「一人有慶，兆民賴之」也。姓言百、民稱兆，皆舉其多也。

[補]「孔安國云後爲甫侯故或稱甫刑」之「或」字本今無，據《尚書・呂刑》孔傳增。

福案：孔傳雖出晉人，但《史記・周本紀》曰：「五刑之屬三千，命曰『甫刑』。」又曰：

「甫侯言于王，作脩刑辟。」《正義》引鄭康成曰：「《書説》云周穆王以甫侯爲相。」《漢書·古今人表》「甫侯」作「吕侯」。又《尚書大傳》以「吕刑」爲「甫刑」。趙岐注《孟子》「盡信書」引《吕刑》亦作「甫刑」。大約作「甫」者，今文《尚書》；作「吕」者，古文《尚書》也。又案：孔子獨於此處引《書經》此篇此二句者，似有深意。就正文論，「一人有慶，兆民賴之」本是天子言德、言順之正語，但引篇名，而見「刑」字，則寓有反是之義，蓋是時王室道衰，聖人不肯斥言其道已反也。反與順相對，《堯典》所云堯舜之道，以孝德治天下，而生其順也；《尚書》載《吕刑》者，古天子不得已作刑，而制其反也。《五刑章》「五刑之屬三千，罪莫大於不孝」，即反言不順之義，正與此處所引《甫刑》之義顯然相證。《曾子大孝》篇云：「樂自順此生，刑自反此作。」即曾子受孔子《孝經》之大義也。否則，此章孔子引《堯典》「百姓昭明」「協和萬邦」等語豈不甚合？乃既曰「刑於四海」，又引《甫刑》，爲何故耶？又案：《五經算術》上引鄭注云：「億萬曰兆，天子曰兆民，諸侯曰萬民。」

孝經義疏補

揚州阮福

唐明皇御注　陸德明音義

元行沖疏　宋邢昺校

孝經注疏卷二

諸侯章 【疏】《正義》曰：次天子之貴者，諸侯也。案《釋詁》云：「公、侯，君也。」不曰「諸公」者，嫌涉天子三公也，故以其次稱爲諸侯，猶言諸國之君也。皇侃云：「以侯是五等之第二，下接伯、子、男，故稱『諸侯』。」今不取也。

【補】鄭康成《禮記・王制注》引《孝經説》曰：「周千八百諸侯，布列五千里内。」

在上不驕，高而不危；【注】諸侯，列國之君，貴在人上，可謂高矣，而能不驕，則免危也。制節謹度，滿而不溢。【注】費用約儉謂之「制節」，慎行禮法謂之「謹度」。無禮爲驕，奢泰爲溢。高而不危，所以長守貴也；滿而不溢，所以長守富也。富貴不離其身，然後能保其社稷，而和其民人，【注】列國皆有社稷，其君主而祭之。言富貴常在其身，則長爲社稷之主，而人自和平也。蓋諸侯之孝也。

【音義】危殆音待，本今無「殆」字。滿而不溢音逸。費芳味反。用如字。約於畧反。儉勤檢反。奢書虵反。泰音太。爲溢羊栗反。富貴不離力智反，注同。其身薄賦歛力儉反。省所景反。傜音遥，本亦作「繇」。役列土封疆字又作「畺」，同居良反。自「薄」字至「居良反」，本今無。

【補】臧氏云：「《釋文》『離』音『力智反』，則『不』字後人所加。唐注云『富貴常在其身』，《正義》謂此依王肅注，則王肅本亦無『不』字。何也？蓋『常在其身』者，謂常麗著其身也。《易象傳》『離，麗也』，《象傳》『離，王公也』，鄭作『麗，梁武力智反』。此經云富貴離其身，猶《諫爭章》云『則身離於令名』。《釋文》於彼亦音『力智反』，標經無『不』字，可前後互證，知『不離』之文，非古矣。石臺本、唐石經皆有『不』字。」福謂：此不然也。臧謂「離，力智反」當爲麗著之義，其實古人仄聲亦可訓分離，此經文明明有「不」字，且「不」字與「不危」「不溢」相應，「不離」與「長守」相應，安可以《釋文》「力智反」即拘泥爲無「不」字乎？又況《吕覽》引此明明有「不」字，若以明皇注「常在」爲「麗著」之證，則石臺、石經皆有

「不」字，「不麗著」更不成詞矣。

「然後能保其社稷」之「後」字，《挍勘記》引臧氏琳云：「《儀禮・鄉射禮》『挾弓矢而后下射』注：『古文「而后」作「後」』，非也。《孝經説》「然后」曰：后者，後也，當從后。』『釋曰：《孝經援神契》説《孝經》「然後能保其社稷」之等，皆作「后」。』世所行唐明皇注本稱爲今文，而『然後能保其社稷』之等，皆作『後』，不作『后』，蓋依古文改之也。」

「而和其民人」之「民」字，石臺本作「民」，蓋避唐太宗諱。

福案：《周禮・封人》疏引《孝經注》「社謂后土」。又案：《隸釋・修堯廟碑》「高如不危，滿如不溢」，借「如」爲「而」。

疏「在上」至「孝也」〇《正義》曰：夫子前述天子行孝之事已畢，次明諸侯行孝也。言諸侯在一國臣人之上，其位高矣。高者危懼，若能不以貴自驕，則雖處高位，終不至於傾危也。積一國之賦税，其府庫充滿矣。若制立節限，慎守法度，則雖充滿而不至盈溢也。「滿」謂充實，「溢」謂奢侈。《書》稱「位不期驕，禄不期侈」，是知貴不與驕期而驕自至，富不與侈期而侈自來。言諸侯貴爲一國之主，富有一國之財，故宜戒之也。又覆述不危、不溢之義，言居高位而不傾危，所以常守其貴；財貨充滿而不爲溢，所以長守其富。

使富貴長久，不去離其身，然後乃能安其國之社稷，而協和所統之臣人，謂社稷以此安，臣人以此和也。言此上所陳，蓋是諸侯之行孝也。皇侃云：「民是廣及無知，人是稍識仁義，即府史之徒，故言『民人』，明遠近皆和悦也。」《援神契》云：「諸侯行孝曰『度』。」言奉天子之法度，得不危溢，是榮其先祖也。注「諸侯」至「危也」○《正義》曰：云「諸侯列國之君」者，經典皆謂天子之國爲王國，諸侯之國爲列國。《詩》云「思皇多士，生此王國」，則天子之國也；《左傳》魯叔孫豹云「我列國也」，鄭子産云「列國一同」，是諸侯之國也。「列國」者，言其國君皆以爵位尊卑及土地大小而敘列焉，五等皆然。云「貴在人上，可謂高矣」者，言諸侯貴在一國臣人之上，其位高也。云「而能不驕，則免危也」者，言其爲國以禮，能不陵上慢下，則免傾危也。注「費用」至「爲溢」○《正義》曰：云「費用儉約，謂之制節」者，此依鄭注釋「制節」也。謂費國之財以供己用，每事儉約，不爲華侈，則《論語》「道千乘之國」云「節用而愛人」是也。云「慎行禮法謂之謹度」者，此釋「謹度」也。言不可奢僭，當須慎行禮法，無所乖越，動合典章。皇侃云：「謂宫室、車旗之類，皆不奢僭也。」云「無禮爲驕，奢泰爲溢」者，皆謂華侈放恣也。前未解「驕」，今於此注，與「溢」相對而釋之。言「無禮」，謂陵上慢下也。皇侃云：「在上不驕以戒貴，應云財溢不奢以戒富。若云制節謹度以戒富，亦應云制節謹身以戒貴。此不例者，互其文也。」但驕由居上，故戒貴云「在上」；溢由無節，故戒富云「制節」也。㊟「列國」至「平也」〇《正義》曰：列國，已具此〔一〕釋。云「皆有社稷」者，《韓詩外傳》云：「天子大社，東方青，南方赤，西方白，北方黑，中央黄土。若封四方諸侯，各割其方色土，苴以白茅而與之。諸侯以此土封之爲社，明受於天子也。」社即土神也。經典所論，「社稷」皆連言之，皇侃以爲「稷」五穀之長，亦爲土神。據此，稷亦社之類也。言諸侯有社稷乃有國，無社稷則無國也。云「其君主而祭之」者，案《左傳》曰：「君人〔二〕者，社稷是主。」社稷因地，故以「列國」言之；祭必由君，故以「其君」言之。云「言富貴常在其身」者，此依王注釋「富貴不離其身」也。云「則長爲社稷之主」者，釋「保其社稷」也。云「而人自和平也」者，釋「而和其民人」也。然經上文先貴後富，言因貴而富也。下覆之富在貴先者，此與《易繫辭》「崇高莫大乎富貴」，老子云「富貴而驕」，皆隨便而言之，非富合先於貴也。經傳之言「社稷」多矣，案《左傳》曰：「共工氏之子曰句

〔一〕「此」，《孝經注疏》十行本、北監本同，泰定本、阮元本作「上」。

〔二〕「君人」二字原倒，據《孝經注疏》泰定本、十行本、《左傳》乙。

龍，爲后土，后土爲社；有烈山氏之子曰柱，爲稷，自夏以上祀之。周棄亦爲稷，自商以來祀之。」言句龍、柱、棄配社稷而祭之，即句龍、柱、棄非社稷也。又《條牒》云：「稷壇在社西，俱北鄉竝列，同營共門。」竝如《條》之説。

補 福謂：《曾子立事》篇：「與其奢也，寧儉；與其倨也，寧句。」又：「居上位而不淫，臨事而栗者，鮮不濟矣。」此即「在上不驕，高而不危；制節謹度，滿而不溢」之義。《荀子·宥坐》篇：「孔子曰：『吾聞宥坐之器者，虚則欹，中則正，滿則覆。』孔子顧謂弟子曰：『注水焉。』弟子挹水而注之。孔子喟然嘆曰：『吁！惡有滿而不覆者哉？』子路曰：『敢問持滿有道乎？』孔子曰：『聰明聖知，守之以愚；功被天下，守之以讓；勇力撫世，守之以怯；富有四海，守之以謙。』」此即「滿而不溢」之義。《老子》「昔之得一」章曰：「侯王無以貞，而貴高將恐蹷。」此言不富不貴，不高不滿，但祇可謂一介之士，若諸侯則自有天子所封之社稷爵位，祖父所傳之富貴，雖欲不富不貴，不高不滿，而有所不能，所謂不離其身也。惟當不驕、不危、不溢，方是聖人維持封建、中庸之道也。若專主卑虚，即是老子之學。

又案《吕氏春秋·先識覽》曰：「楚之邊邑曰卑梁，其處女與吴之邊邑處女桑於境上，戲而傷卑梁之處女。卑梁人操其傷子以讓吴人，吴人應之不恭，怒殺而去之。吴人往報之，盡屠其家。卑梁公怒曰：『吴人焉敢攻吾邑！』舉兵反攻之，老弱盡殺之矣。吴王夷昧聞之，怒，使人舉兵侵楚之邊邑，克夷而後去之。吴楚以此大隆。吴公子光又率師與楚人戰於雞父，大敗楚人，獲其帥潘子臣、小帷子、陳夏齧。又反伐郢，得荆平王之夫人以歸，實爲雞父之戰。凡持國，太上知始，其次知終，其次知中，三者不能，國必危，身必窮。《孝經》曰：『高而不危，所以長守貴也；滿而不溢，所以長守富也。富貴不離其身，然後能保其社稷，而和其民人。』楚不能之也。」福案：此秦人引《孝經》之最古者，尤可見孔子以《春秋》《孝經》相輔爲教之至意也。吕氏之書，多采春秋時故書古説，此亦必《孝經》古説之遺，而吕氏采之者也。如知《孝經》不危、不溢、保和之義，則無雞父之戰不保之危矣。故凡春秋二百數十年中，自天子、諸侯、卿大夫、士之不保社稷、祭祀、禄位者，皆可以此例推之矣。

《説苑・敬慎》篇：「高上尊賢，無以驕人；聰明聖智，無以窮人；資給疾速，無以先人；剛毅勇猛，無以勝人。不知則問，不能則學。雖智必賢，然後辨之；雖能必讓，然後爲之。故士雖聰明聖智，自守以愚；功被天下，自守以讓；勇力距世，自守以怯；富有天下，自守以廉。此所謂『高而不危，滿而不溢』者也。」此即説《孝經》之義也。

又《漢書・宣元六王傳》：「蓋聞親親之恩，莫重于孝；尊尊之義，莫大于忠。故諸侯在位不驕，以致孝道；制節謹度，以翼天子。然後富貴不離於身，而社稷可保。」此亦説《孝經》之義也。

漢班固《白虎通・社稷》篇曰：「王者所以有社稷何？爲天下求福報功。人非土不立，非穀不食。土地廣博，不可徧敬也；五穀衆多，不可一一而祭也，故封土立社，示有土奠。稷，五穀之長，故封稷而祭之也。《孝經》曰：『保其社稷，而和其民人，蓋諸侯之孝也。』稷者，得陰陽中和之氣，而用尤多，故爲長也。」應劭《風俗通》引《孝經説》：「社者，土地之主。土地廣博，不可徧敬，故封土以爲社而祀之，報功也。」「稷者，五穀之長。五穀衆多，不可徧祭，故立稷而祭之。謹案《春秋左氏傳》『有烈山氏之子曰柱，能植百穀蔬果，故立以爲稷正也。周棄亦以爲稷正也。周棄亦以爲稷，自商以來祀之。』禮緣生以事死，故社稷人祀之也，則祭稷穀，不得稷米，稷反自食也。而邾文公用鄫子於次睢之社，司馬子魚諫曰：『古者六畜不相爲用，祭以爲人也。民人，神之主也。用人，其誰享之？』《詩》云『吉日庚午，既伯既禱』，豈復殺馬以祭馬乎？《孝經》之説於斯悖矣。米之神爲稷，故以癸末日祠稷於西南，水勝火爲金相也。」此亦漢班氏、應氏説《孝經》古義也。

又孟子曰：「是故得乎丘民而爲天子，得乎天子爲諸侯，得乎諸侯爲大夫。諸侯危社稷，則變置。」趙注云：「諸侯爲危社稷之行，則變更立賢諸侯也。」福謂：「諸侯危社稷則變置」，其予奪在天子，所以不危、不溢，然後能保其社稷。孔、孟相傳之道，蓋可見也。

又《洪範》「五福」不言貴而言富，王氏應麟曰：「貴者始富，賤者不富也。」福謂：「富」非多金之謂，富者，備也，福亦備也。「富」與「福」字義相通，備者，無所不備。如邑田、宫室、宗廟祭器、祭服、車馬、衣裘、干戈、琴瑟，皆備也。若賤者，安得有宗廟器服哉？且譬若天子富有四海，亦言四海之物，無一不備，非以多金爲富也。

《詩》云：「戰戰兢兢，如臨深淵，如履薄冰。」注 戰戰，恐懼。兢兢，戒慎。臨深恐墜，履薄恐陷。義取爲君恒須戒慎。

音義 詩云此《詩·小雅·節南山之什·小旻》卒章。 戰戰章扇反。 兢兢棘冰反。 恐丘勇反，懼也，注及下同。 隊直類反，本今作「墜」。 恐陷没陷之「陷」。

補 「注及下同」之「下」字，《釋文》本作「後」。《釋文挍勘記》：「元和顧氏廣圻云『後當作下』，是也。」今又據此改。

「深淵」之「淵」字，石臺本、唐石經作「𣶒」，避唐高祖諱。

「恐墜」之「墜」，《挍勘記》：「案，『隊』『墜』，古今字。」

「義取爲君恒須戒慎」之「慎」字，今本作「懼」，今據石臺本、岳本改。《挍勘記》：「案，《正義》亦云『義取爲君常須戒慎』，此注及疏標起止作『戒懼』，非也。」

「臨深恐墜，履薄恐陷」之「墜履薄」三字，閩本、監本、毛本皆作「薄墜履浮」，非也。

疏「詩云」至「薄冰」〇《正義》曰：夫子述諸侯行孝終畢，乃引《小雅·小旻》之詩以結之。言諸侯富貴不可驕溢，常須戒懼，故戰戰兢兢，常如臨深履薄也。注「戰戰」至「戒慎」〇《正義》曰：此依鄭注也。案《毛詩傳》云：「戰戰，恐也。兢兢，戒也。」此注「恐」下加「懼」，「戒」下加「慎」，足以圓文也。云「臨深恐墜，履薄恐陷」者，亦《毛詩傳》文也。「恐墜」謂如入深淵不可復出；「恐陷」謂没在冰下不可拯濟也。云「義取爲君常須戒慎」者，引《詩》大意如此。

補 福謂：孔、曾之學，皆主戒懼，故《曾子立事》篇曰：「君子取利思辱，見惡思詬，嗜欲思恥，忿怒思患，君子終身守此戰戰也。」又曰：「昔者，天子日旦思其四海之内，戰戰惟恐不能乂也；諸侯日旦思其四封之内，戰戰惟恐失損之也；大夫士日旦思其官，戰戰惟恐不能勝也；庶人日旦思其事，戰戰惟恐刑罰之至也。是故臨事而栗者，鮮不濟矣。」《孝經》十八章、《曾子十篇》，皆無泰然自得氣象。《論語》曰：「曾子有疾，召門弟子曰：『啓予足，啓予手。《詩》云：「戰戰兢兢，如臨深淵，如履薄冰。」而今而後，吾知免夫，小子！』」是曾子一生，皆守《孝經》「戰戰兢兢」之大義，以至於没世也。且孔、曾拖紳易簀，皆聖賢中庸之道，然則後人侈言無疾坐逝之類，皆非儒術矣。

卿大夫章

疏《正義》曰：次諸侯之貴者，則卿大夫焉。《説文》云：「卿，章也。」《白虎通》云：「卿之爲言章也，章善明理也。大夫之爲言大扶，扶進人者也。故傳云：『進賢達能，謂之卿大夫。』」《王制》云：『上大夫，卿也。』」又《典命》云：「王之卿六命，其大夫四命。」則爲卿與大夫異也，今連言者，以其行同也。

非先王之法服不敢服，注「服」者，身之表也。先王制五服，各有等差。言卿大夫遵守禮法，不敢僭上偪下。

非先王之法言不敢道，非先王之德行不敢

行。【注】「法言」謂禮法之言，「德行」謂道德之行。若言非法，行非德，則虧孝道，故不敢也。是故非法不言，非道不行。【注】言必守法，行必遵道。口無擇言，身無擇行，【注】言行皆遵法道，所以無可擇也。言滿天下無口過，行滿天下無怨惡。【注】禮法之言，焉有口過？道德之行，自無怨惡。三〔一〕者備矣，然後能守其宗廟，【注】「三者」，服、言、行也。禮，卿大夫立三廟，以奉先祖。言能備此三者，則能長守宗廟之祀。蓋卿大夫之孝也。

【音義】服山龍華胡花反。蟲直忠反。服藻音早。火服粉方謹反。米字或作「采」，音同。皆謂文繡修又反。也田本又作「佃」，音同。獵力輒反。卜筮市制反。冠古亂反，又如字。素積茲亦反。自「山龍」至「茲亦反」，本今無。非先王之德行下孟反，注「德行」，下「擇行」「行滿」皆同。禮以檢奢紀儉反，本今無。無口過古臥反，注同。無怨惡烏路反，舊如字，注同。宗廟本或作「庿」。爲作于僞反。宮室自「爲作」至「室」字，本今無。

【補】《周禮·小宗伯》疏引《尚書》曰：「『五服五章哉。』鄭注云：『十二也，九也，七也，

〔一〕「三」上原衍「此」字，據《孝經注疏》泰定本、十行本刪。

五也，三也。』」又引「予欲觀古人之象，日、月、星辰」，「注云：『此十二章，天子備有，公自山而下。』《孝經》『非先王之法服』，注云：『先王制五服，日月星辰服，諸侯服山龍。』」云云。皆據章數而言。《北堂書鈔》卷八十六：《孝經》鄭注云：「法服謂日、月、星辰、山、龍、華蟲、藻、火、粉、米、黼、黻絺繡。」又卷一百二十八：鄭注云：「天子服日、月、星辰，諸侯服山、龍、華蟲，卿大夫服藻、火，士服粉、米。」《文選》注陸士龍《大將軍讌會被命作詩》一首：鄭玄《孝經注》曰「大夫服藻、火」。《詩正義・六月》：《孝經注》曰「田獵戰伐，冠皮弁」。《儀禮疏・少牢饋食禮》：《孝經注》云「卜筮冠皮弁，衣素積，百王同之，不改易」。臧氏按：「諸家所引互異，均不外《釋文》所標之字，故以《釋文》爲主，而分注諸書於下，俾可考也。《周禮疏》『日月星辰服』當作『服日月星辰』。《釋文》字或作『絑』，徐本『絑』誤爲『綵』，茲據葉鈔本挍正。」

疏「非先」至「孝也」〇《正義》曰：夫子述諸侯行孝之事終畢，次明卿大夫之行孝也。言大夫委質事君，學以從政，立朝〔一〕則接對賓客，出聘則將命他邦，服飾、言行，須遵禮典。

〔一〕「朝」原作「廟」，據《孝經注疏》泰定本、十行本改。

非先王禮法之衣服，則不敢服之於身；若非先王禮法之所言辭，則不敢道之於口；若非先王德行之景行，亦不敢行之於身。就此三事之中，言、行尤須重慎。是故非禮法則不言，非道德則不行。所以口無可擇之言，身無可擇之行也，使言滿天下無口過，行滿天下無怨惡。服飾、言、行三者無虧，然後乃能守其先祖之宗廟，蓋是卿大夫之行孝也。《援神契》云：「卿大夫行孝曰『譽』。」蓋以聲譽爲義，謂言行布滿天下，能無怨惡，遐邇稱譽，是榮親也。舊説云天子、諸侯各有卿大夫。此章既云言行滿於天下，又引《詩》云：「夙夜匪懈，以事一人。」是舉天子卿大夫也。天子卿大夫尚爾，則諸侯卿大夫可知也。㊟「服者」至「偪下」〇《正義》曰：云「服者身之表也」者，此依孔傳也。《左傳》曰：「衣，身之章也。」彼注云「章貴賤」，言服飾所以章其貴賤，章則表之義也。云「先王制五服，各有等差」者，案《尚書・皋陶》篇曰：「天命有德，五服五章哉。」孔傳云：「五服，天子、諸侯、卿、大夫、士之服也，尊卑采章各異。」是有等差也。云「言卿大夫遵守禮法，不敢僭上偪下」者，「僭上」謂服飾過制，僭擬於上也；「偪下」謂服飾儉固，偪迫於下也。卿大夫言必守法，行必遵德，服飾須合禮度，無宜僭偪，故劉炫引《禮》證之曰「君子上不僭上，下不偪下」是也。又案《尚書・益稷》篇稱命禹曰：「予欲觀古人之象，日、月、星辰、山、龍、華蟲，作會宗彝，藻、火、粉、米、黼、黻絺繡，以五采彰施於五色作服，汝明。」孔傳曰：「天子服日、月而下，諸侯自龍衮而下至黼、黻，士服藻、火，大夫加粉、米。上得兼下，下不得僭上。」此古之天子冕服十二章，以日、月、星辰及山、龍、華蟲六章畫於衣，衣法於天，畫之爲陽也；以藻、火、粉、米、黼、黻六章繡之於裳，裳法於地，繡之爲陰也。日、月、星辰取照臨於下，山取興雲致雨，龍取變化無窮，華蟲謂雉，取耿介，藻取文章，火取炎上以助其德，粉取絜白，米取能養，黼取斷割，黻取背惡鄉善，皆爲百王之明戒，以益其德。諸侯自龍衮而下八章也，四章畫於衣，四章繡於裳。大夫藻、火、粉、米四章也，二章畫於衣，二章繡於裳。孔安國蓋約夏、殷章服爲説〔一〕，周制則天子冕服九章，象陽之數極也。案鄭注《周禮·司服》稱：「至〔二〕周而以日、月、星辰畫於旌旗，所謂『三辰旂旗，昭其明也』。」又云：「登龍於山，登火於宗彝，尊其神明也。」古文以山爲九章之首，火在宗彝之下，周制以龍爲九章之首，火在宗彝之上，是「登龍於山，登火於宗彝」也。又案《司服》云：「王祀昊天上帝，則服大裘而

〔一〕「説」原作「記」，據道光九年刻本、《孝經注疏》泰定本、十行本改。
〔二〕「至」原作「自」，據泰定本、十行本《孝經注疏》、《周禮》改。

冕，祀五帝亦如之。享先王，則衮冕。享先公、饗、射，則鷩冕。祀四望山川，則毳冕。祭社稷五祀，則絺冕。祭羣小祀，則玄冕。」爲[二]冕服九章也。又案鄭注：「九章，初一曰龍，次二曰山，次三曰華蟲，次四曰火，次五曰宗彝，皆畫以爲繢；次六曰藻，次七曰粉米，次八曰黼，次九曰黻，皆絺以爲繡，則衮之衣五章、裳四章，凡九也。鷩畫以雉，謂華蟲也，其衣三章、裳四章，凡七章。毳畫虎蜼，謂宗彝也，其衣三章、裳二章，凡五也。絺刺粉米，無畫也，其衣一章、裳二章，凡三也。玄者衣無文，裳刺黻而已，是以謂『玄』焉。凡冕服，皆玄衣纁裳。」又案《司服》：「公之服自衮冕而下，如王之服；侯、伯之服自鷩冕而下；子、男之服自毳冕而下；孤之服自絺冕而下[三]；卿大夫之服自玄冕而下；士之服自皮弁而下，如大夫之服。」則周自公、侯、伯、子、男，其服之章數，又與古之象服差矣。㊟「法言」至「敢也」〇《正義》曰：云「法言謂禮法之言」者，此則《論語》云「非禮勿言」是也。云「德行謂道德之行」者，即《論語》云「志於道，據於德」是也。云「若言非法，行非德」者，即《王制》

[二]「爲」字，《孝經注疏》作「而」，浦鏜《孝經注疏正字》云：「而疑是或爲字之誤。」阮氏蓋據此改。

[三]「孤之服自絺冕而下」，《孝經注疏》無此句，浦鏜《孝經注疏正字》云：「子男之服自毳冕而下，下脱『孤之服自絺冕而下』八字。」阮氏蓋據此補。按《周禮》有此八字。

云「言僞而辯、行僞而堅」是也。云「則虧孝道，故不敢也」者，釋所以不敢之意也。㊟「言必」至「遵道」○《正義》曰：此依王義釋「非法不言，非道不行」也。㊟「言行」至「擇也」○《正義》曰：言不守禮法，行不遵道德，皆已而法之。經言「無擇」，謂令言行無可擇也。㊟「禮法」至「怨惡」○《正義》曰：口有過惡者，以言之非禮法；行有怨惡者，以所行非道德也。若言必守法，行必遵道，則口無過，怨惡無從而生。㊟「三者」至「之祀」○《正義》曰：云「三者，服、言、行也」者，此謂法服、法言、德行也。然言之與行，君子所最謹，出己加人，發邇見遠。出言不善，千里違之；其行不善，譴辱斯及。故首章一敘不毀而再敘立身，此章一舉法服而三復言行也，則知表身者以言行，不虧不毀猶易，立身難備也。皇侃云：「初陳教本，故舉三事。服在身外可見，不假多戒；言行出於内府難明，必須備言。最於後結，宜應總言。」謂人相見，先觀容飾，次交言辭，後論德行，故言三者以服爲先、德行爲後也。云「禮，卿大夫立三廟」者，義見末章。云「以奉先祖」者，謂奉祀其祖考也。云「言能備此三者，則能長守宗廟之祀」者，言卿大夫若能備服飾、言、行，故能守宗廟也。

補「士服藻火」，「士」誤「七」，今據《挍勘記》改。

「粉取絜白」，閩本、監本、毛本「絜」作「潔」，《挍勘記》：「案，『潔』俗『絜』字。」

「所謂三辰旂旗」，「旂」作「旌」，《挍勘記》云：「閩本『旌』作『旂』，是也。」今據此改。

「火在宗彝之下」，「下」誤「不」，今據監本、閩本、毛本改。

「祭社稷五祀，則絺冕」，《挍勘記》云：「案，《周禮》『絺』作『希』，注云：『讀爲黹，或作絺，字之誤也。』」

「玄者衣無文」誤作「衣無衣」，《正誤》：「下『衣』作『文』。」是也。

「此依王義」，「王」誤「正」，今據《正誤》改。《挍勘記》云：「案，《正誤》云：『「正」疑「王」字誤。』是也。」

「後論德行」，「論」誤「謂」，今據《正誤》改。

福謂：王氏應麟《困學紀聞》云：「《孝經》言卿大夫之孝曰：『非先王之法服不敢服，非先王之法言不敢道，非先王之德行不敢行。』孟子謂曹交曰：『服堯之服，誦堯之言，行堯之行。』聖賢之訓，皆以服在言、行之先，蓋服之不衷，則言必不忠信，行必不篤敬。《中庸》修身，亦先以『齊明盛服』。《都人士》之『狐裘黄黄』，所以『出言有章，行歸于周』也。」案《曾子立事》篇：「不服華色之服，不稱懼惕之言。」又云：「君子出言鄂鄂，行身戰戰。」《本孝》篇：「惡言不出於口。」此皆是「非先王之法服不敢服，非先王之法言不敢道，非先王之德行不敢行」之義也。《表記》曰：「衣服以移之。是故君子恥服其服，而無其容；恥有其容，而無其辭；恥有其辭，而無其德；恥有其德，而無其行。」是其義。

家大人曰：「卿大夫之孝，以保守其家之宗廟祭祀爲孝。如此爲孝，則不敢作亂，則不敢不忠、不仁、不義、不慈。齊之慶氏、魯之臧氏，皆叛於《孝經》者也。儒者之道，未有不以祖父廟祀爲首務者也。曾子無廟祀，而啓其手足，亦此道也。」福案：《荀子·大畧》篇：「曾子曰：『孝子言爲可聞，行爲可見。』『言爲可聞』，所以說遠也；『行爲可見』，所以說近也。近者說則親，遠者說則附，親近而附遠，孝子之道也。」此亦非法不言、非道不行之義也。

又案《曾子立事》篇曰：「君子終日言不在尤之中，小人一言終身爲罪矣。」又《大孝》篇曰：「一出言不敢忘父母，是故惡言不出於口，忿言不及於己，然後不辱其身，不憂其親，可謂孝矣。」此亦「口無擇言，言滿天下無口過」之義也。

「口無擇言，身無擇行」，二「擇」字當讀爲厭斁之「斁」。「厭斁」即《詩》所云「在彼無惡，在此無斁，庶幾夙夜，以永終譽」也。《詩·思齊》：「古之人無斁，譽髦斯士。」鄭氏箋引《孝經》「口無擇言，身無擇行」以明之，《釋文》：「鄭作『擇』。」此乃鄭康成讀《孝經》之

「擇」爲「斁」，而讀《毛詩》之「斁」爲「擇」，假借也。故孔疏曰「箋不言字誤也」。康成此説，即宋均所云之評也。又《尚書·吕刑》曰：「罔有擇言在身。」孔子之義本此。「無口過」「無怨惡」，乃申明「口無擇言，身無擇行」之義。

卿大夫以守宗廟爲孝，謂非止於父母生前之愛敬也，且宗廟有祖在，孝祖即孝父母也。庶人始祭於寢，未有身爲卿大夫，而無宗廟者也。身爲卿大夫，上事君，下治民，中有僚友，若言行無德、無法，必獲罪致禍。春秋之世，出奔絶祀由於言行無德法者，甚多矣。若能奉孔子此言，則能守宗廟矣。故曰「志在《春秋》，行在《孝經》」也。孟〔一〕子曰：「不孝有三，無後爲大。舜不告而娶，爲無後也。」福謂：不娶無後，致絶祖宗血食，自是不孝。若實有其後人，而不能奉祖宗之祭祀，以致不保不守，亦謂之無後，故此「後」字亦不拘於不娶無後解。《論語》「臧武仲以防求爲後於魯」，注曰：「爲後，立後也。」《左傳·襄公二十三年》「紇不佞失守宗祧」「紇之罪不及不祀」，注曰：「言應有後。」此皆確證也。

《詩》云：「夙夜匪懈，以事一人。」注 夙，早也。懈，惰也。義取爲卿大夫能

〔一〕「孟」原作「孔」，據道光九年刻本改。

早夜不惰，敬事其君也。

音義 詩云此《大雅·蕩之什·烝民》篇語。夙夜匪懈佳賣反，注及下「字或作『解』」同。夜莫如字，又音暮，下並同。也解自「夜莫」至「也」字本今無。惰古卧反，注同。

補 臧氏曰：「案，此當作『解，佳賣反，注及下同，字或作懈』。據下標注『解，惰』字，知鄭本經必作『解』，故陸音『佳賣反』。若本作『懈』，正字易識，陸可不音矣。蓋石臺本、唐石經、岳本皆作『懈』，淺人遂據以易《釋文》也。《華嚴經音義上》：《孝經》鄭注曰：『匪，非也。懈，惰也。』顧氏廣圻云：『《釋文》「注同」當作「下同」。』」

疏「詩云」至「一人」〇《正義》曰：夫子既述卿大夫行孝終畢，乃引《大雅·烝民》之詩以結之。言卿大夫當早起夜寐以事天子，不得懈惰。匪，猶不也。注「夙早」至「君也」〇《正義》曰：夙，早也，《釋詁》文。懈，惰也，《釋言》文。云「義取爲卿大夫能早夜不惰」者，引《詩》大意如此。云「敬事其君也」者，釋「以事一人」。不言天子而言君者，欲通諸侯、卿大夫也。

補「釋詁文」，「詁」誤「古」，今據閩本、監本、毛本改。

「懈，惰也，釋言文」，閩本、監本、毛本皆作「惰也」，此本誤作「惰世」，今改正。《挍勘記》云：「案，今《爾雅·釋言》『惰』作『怠』。」

士章

疏《正義》曰：次卿大夫者即士也。案《説文》曰：「數始於一，終於十。孔子曰：『推一合十爲士。』」《毛詩傳》曰：「士者，事也。」《白虎通》曰：「士者，事也，任事之稱也。」故《禮・辯名記》曰：「士者，任事之稱也。傳曰：通古今、辯然不然，謂之『士』。」

補「推一合十爲士」，今本「推」誤「惟」，「合」誤「荅」，今據毛本改。「故禮辯名記曰」之「辯」字作「辨」，閩本、監本、毛本作「辯」，下「今辨」同。《挍勘記》：「案，《禮記・月令・孟夏》正義引作『辯名記』，《白虎通》作『別名記』。」今據《月令正義》改。

資於事父以事母而愛同；資於事父以事君而敬同。注資，取也。言愛父與母同，敬父與君同。故母取其愛而君取其敬，兼之者父也。注言事父兼愛與敬也。故以孝事君則忠，注移事父孝以事於君則爲忠矣。以敬事長則順。注移事兄敬以事於長則爲順矣。忠順不失，以事其上，然後能保其禄位而守其祭祀，注能盡忠順以事君長，則常安禄位，永守祭祀。蓋士之孝也。

音義資者人之行下孟反。也本今無此句。兼古恬反，并也。之者父也以敬事長丁丈反，注皆同。

則順食稟必錦反。《公羊傳》云：「稟，賜檕禄也。」爲于僞反。 爲曰祭一本作「始曰爲祭」。「曰」音「越」，又人實反。 別彼列反。 是非自「食」字至「非」字，今本無。

補「言事父兼愛與敬也」之「兼」字，誤作「非」，今據石臺本、岳本、閩本、監本、毛本改。盧氏文弨曰：「『檕』爲『穀』之俗字，但小變耳。從『殸』誤也。」「爲」下舊有「於僞反」三字，是妄人所補，宋本皆空白。 臧氏曰：「宋本謂葉鈔本也。《正義》曰：『禄謂稟食。』合之陸引《公羊傳》，知上闕『禄』字。『爲』當如字讀。」又臧氏曰：「《正義》引傳曰：『通古今，辯然否，謂之士。』『別是非』猶『辯然否』也。鄭注大致同此。」

疏「資於」至「孝也」○《正義》曰：夫子述卿大夫行孝之事終，次明士之行孝也。言士始升公朝，離親入仕，故此敘事父之愛敬，宜均事母與事君，以明割恩從義也。「資」者，取也。取於事父之行以事母，則愛父與愛母同；取於事父之行以事君，則敬父與敬君同。母之於子，先取其愛；君之於臣，先取其敬，皆不奪其性也。若兼取愛敬者，其惟父乎。既說愛敬取捨之理，遂明出身入仕之行。「故」者，連上之辭也。謂以事父之孝移事其君，則爲忠矣；以事兄之敬移事其長，則爲順矣。「長」謂公卿大夫，言其位長於士也。又言事上之道在於忠順，二者皆能不失，則可事上矣。「上」謂君與長也。言以忠順事上，然後乃能保其禄秩官位，而長守先祖之祭祀，蓋士之孝也。《援神契》云：「士行孝曰『究』。」以明審爲義，當須能明審資親事君之道，是能榮親也。《白虎通》云：「天子之士獨稱元士，蓋士賤，不得體君之尊，故加『元』以别於諸侯之士也。」此直言士，則諸侯之士。前言大夫是戒天子之大夫，諸侯之大夫可知也；此章戒諸侯之士，則天子之士亦可知也。㊟「資取」至「君同」○《正義》曰：云「資取也」者，此依孔傳也。案鄭注《表記》《考工記》，竝同訓「資，取也」。注「言愛父與母同，敬父與君同」者，謂事母之愛、事君之敬，竝同於父也。然愛之與敬，俱出於心，君以尊高而敬深，母以鞠育而愛厚。劉炫曰：「夫親至則敬不極，此情親而恭少；尊至則愛不極，此心敬而恩殺也。故敬極於君、愛極於母。」梁王云：「《天子章》陳愛敬以辨化也，此章陳愛敬以辨情也。」㊟「言事」至「敬也」○《正義》曰：此依王注也。劉炫曰：「母親至而尊不至，豈則尊之不及也；君尊至而親不至，豈則親之不及也。惟父既親且尊，故曰『兼』也。」劉瓛曰：「父情天屬，尊無所屈，故愛敬雙極也。」㊟「移事」至「忠矣」○《正義》曰：此依鄭注也。《揚名章》云「君子之事親孝，故忠可移於君」是也。舊説云：「入仕本欲安親，非貪榮貴也。若用安親之心則爲忠也，若用貪榮之心則非忠也。」嚴植之曰：「上云君父敬同，則忠孝不得有異。」故〔一〕以至孝之心事君必忠也。㊟「移事」至「順矣」○《正義》曰：此依鄭注也。下章云：「事兄悌，故順可移於長。」注不言悌而言敬者，順經文也。《左傳》曰：「兄愛弟敬。」又曰：「弟順而敬。」則知悌之與敬，其義同焉。《尚書》云「邦伯師長」，安國曰〔二〕：「衆長，公卿也。」則知大夫已上，皆是士之長。

㊟「能盡」至「祭祀」○《正義》曰：謂能盡忠順以事君長，則能保其禄位也。「禄」謂廩食，「位」謂爵位。《廣雅》曰：「位，涖也。」涖下爲位。《王制》云：「上農夫食九人。」謂諸侯之下士視上農夫，中士倍下士，上士倍中士。「祭」者，際也，人神相接，故曰際也。「祀」者，似也，謂祀者似將見先人也。士亦有廟，經不言耳。大夫既言宗廟，士可知也；士言祭祀，則大夫之祭祀亦可知也，皆互以相明也。諸侯言「保其社稷」，大夫言「守其宗廟」，士則「保」「守」竝言者，皇侃云：「稱『保』者，安鎮也。守者，無逸也。社稷、禄位是公，故言『保』；宗廟、祭祀是私，故言『守』也。士初得禄位，故兩言之也。」

〔一〕「故」字，《孝經注疏》作「言」，浦鏜《孝經注疏正字》云：「故誤言。」阮氏蓋據此改。

〔二〕「曰」原作「云」，據道光九年刻本、《孝經注疏》改。

補「廣雅曰位涖也」，《正誤》云：「《廣雅》作『涖，禄也』。」《挍勘記》：「案，浦氏鏜所據乃俗本，不知『位』『涖』取同聲之字爲訓。王氏念孫《廣雅疏證》云：『各本「涖」下脱去「也」字，遂與下條合而爲一。《孝經正義》可據也。』」

「守者無逸也」之「逸」字，誤作「近」，今據閩本、監本、毛本改。

福案：《公羊·定公四年傳》曰：「事君猶事父也，此其爲可以復讎奈何？」曰：「父不受誅，子復讎可也。」何休《解詁》曰：「《孝經》曰：『資於事父以事君，而敬同。』本取事父之敬以事君。而父以無罪爲君所殺，諸侯之君與王者異，於義得去。君臣已絶，故可也。《孝經》云：『資於事父以事母。』莊公不得報讎文姜者，母所生，雖輕於父，重於君也。《易》曰：『天地之大德曰生。』故得絶，不得殺。」徐彦疏引鄭氏《孝經注》曰：「資者，人之行也。」「注《四制》云：『資猶操也。』然則言人之行者，謂人操行也。云云之説，具於《孝經》疏。」福案：徐彦乃晚唐人，彼見之疏尚是元行沖疏也。明皇注此條已不用鄭注，而元疏仍存鄭説，自是唐以前人，不肯多棄古義。邢昺見其不與注相應而删之，所謂挍定者，即此等處。可見宋挍定，反不如唐疏矣。福又案「資人之行也」乃鄭小同語，今注雖無存，然尚見於陸氏《音義》所出之字中，且見於徐彦疏中所引。今明皇注「資，取也」，元行沖

《正義》曰：「云『資取也』者，此依孔傳也。」福謂：此雖見於僞孔傳，然亦有所本。何休《解詁》曰：「《孝經》曰：『資於事父以事君，而敬同。』本取事父之敬以事君。」是劭公以「取」字代「資」字，即是以「取」訓「資」字也。况正文「故母取其愛，而君取其敬」，亦即是承明上文「資」字之義，故不得謂明皇注依僞孔傳也。計「資」字之訓有三，一乃康成注《禮記·喪服四制》云「資，猶操也」；二乃小同注《孝經》「資，人之行也」；三乃何休解詁《公羊》「資，取也」。何説爲長。《漢尉氏令鄭季宣碑》「咨父事君」，此「咨」異文，不可據。又《通典》八十卷引鄭康成《駁五經異義》曰：「按《孝經》『資於事父以事君』，言能爲人子，乃能爲人臣也。《服問》『嗣子不爲天子服』，此則嫌欲速，不一於父也。《喪服四制》曰：『門内之治恩掩義，門外之治義斷恩。』此言在父則爲父，在君則爲君也。《春秋·莊三十二年》，子般卒時，父未葬也。子者，繫於父之稱也。言卒不言薨，未成君也。未成君，猶繫於父，則當從『門内之治恩掩義』。禮者在於所處，此何以私廢公，何以卑廢尊。」此亦漢人説《孝經》《公羊》之義也。《禮記·喪服四制》：「資於事父以事母，而愛同。天無二日，土無二王，國無二君，家無二尊，以一治之也。故父在，爲母齊衰期者，見無二尊也。」《晉書·禮志》：「漢魏故事，皇太子稱臣，新禮以太子既以子爲名，而又稱臣，臣子兼稱，於義不通，除太子稱臣之制。摯虞以爲，《孝經》『資於事父以事君』義兼臣、子，則不嫌稱臣，宜定新禮，皇太子稱臣如舊。詔從之。」

《詩》云：「夙興夜寐，無忝爾所生。」注 忝，辱也。所生，謂父母也。義取早起夜寐，無辱其親也。

音義 詩云此《詩·小雅·節南山之什·小宛》篇語。夙興夜寐面利反。無忝辱也，他簟反。爾所生所生，謂父母。本今作「爾」。

補「所生謂父母也」，「母」誤「祖」，今據石臺本、岳本、閩本、監本、毛本改。

臧氏曰：「葉鈔本《釋文》『無忝』下空闕。據《開宗明義章》引《詩》，《釋文》作『毋念爾祖』，則此『無』字亦當作『毋』，《毛詩·小宛》釋文云『毋忝音無』可證也。又《卿大夫章》釋文：『夜莫，如字，又音暮，下並同。』然則鄭於此章當有『夜，莫也』注。」

疏「詩云」至「所生」○《正義》曰：夫子述士行孝畢，乃引《小雅·小宛》之詩以證之也。言士行孝，當早起夜寐，無辱其父母也。注「忝辱」至「親也」○《正義》曰：云「忝辱也」者，《釋言》文。云「所生謂父母也」者，下章云「父母生之」是也。云「義取早起夜寐，無辱其親也」者，亦引《詩》之大意也。

補 福謂：《曾子立孝》篇亦引此詩二句，并云：「言不自舍也。不恥其親，君子之孝也。是故未有君而忠臣可知者，孝子之謂也；未有長而順下可知者，弟弟之謂也；未有治而能仕可知者，先脩之謂也。故孝子善事君，弟弟善事長，君子壹孝壹弟，可謂知終矣。」此即是曾子傳孔子「以孝事君則忠，以敬事長則順」之義也。家大人注曰：「『長』謂公卿。子曰：『出則事公卿，入則事父兄。』」《漢書・韋彪傳》注引《孝經緯》：「求忠臣於孝子之門。」此即「以孝事君則忠」之古義也。又《立事》篇曰：「君子既學之，患其不博也；既博之，患其不習也；既習之，患其不知也；既知之，患其不能行也；既能行之，患其不能以讓也。君子之學致此五者而已矣。君子博學而孱守之，微言而篤行之，行欲先人，言欲後人，君子終身守此悒悒。行無求數有名，事無求數有成，身言之，後人揚之；身行之，後人秉之，君子終身守此憚憚。君子不絕小、不殄微也，行自微也，不微人。人知之，則願也；人不知，苟吾自知也，君子終身守此勿勿也。君子禍之爲患，辱之爲畏，見善恐不得與焉，見不善者恐其及己也，是故君子疑以終身。君子見利思辱，見惡思詬，嗜欲思恥，忿怒思患，君子終身守此戰戰也。」又云：「朝有過，夕改；夕有過，朝改。」《制言中》篇：「君子思仁義，晝則忘食，夜則忘寐。日旦就業，夕而自省。」《論語》曾子曰：「吾日三省吾身。」此皆是聖賢「夙興夜寐，無忝所生」之義。又《國語》敬姜曰：「士朝而受業，晝而講貫，夕而習復，夜而計過，無憾而後即安。」此亦其義也。再以此證《庶人章》「而患不及者，未之有也」，則「患」當訓「禍[一]」，「及」乃「及身」之義益明矣。

[一]「禍」原作「福」，據道光九年刻本改。

孝經義疏補

揚州阮福

孝經注疏卷三

唐明皇御注　陸德明音義

元行沖疏　宋邢昺校

庶人章 [疏]《正義》曰：庶者，衆也，謂天下衆人也。皇侃云：「不言衆民者，兼包府史之屬，通謂之庶人也。」嚴植之以爲士有員位，人無限極，故士以下皆爲庶人。

[補]「皇侃云」，「侃」誤「祝」，今據閩本、監本、毛本改。「兼包府史之屬」，「兼包」誤「案即」，今據閩本、監本、毛本改。「嚴植之」誤爲「爵列之」，今據閩本、監本、毛本改。「人無限極」誤爲「人謂衆民」，今據閩本、監本、毛本改。「皆爲庶人」，「皆」誤「以」，今據閩本、監本、毛本改。

用天之道，[注]春生、夏長、秋收、冬藏，舉事順時，此用天道也。分地之利，[注]

分別五土，視其高下，各盡所宜，此分地利也。謹身節用以養父母，【注】身恭謹則遠恥辱，用節省則免饑寒，公賦既充則私養不闕。此庶人之孝也。【注】庶人爲孝，唯此而已。

【音義】春生夏長丁丈反。秋收如字，又手又反。本作「斂」，力儉反。冬藏才郎反。分方云反，注同。地之利分別彼列反。五土《周禮》五土，一曰山林，二曰川澤，三曰丘陵，四曰墳衍，五曰原隰。丘陵阪險阪音反。險音許檢反，又蒲板反。宜棗栗本作「宜種棗棘」。自「丘陵」至「棘」，本今無。以養羊尚反。父母行下孟反，音如字。不爲非度待洛反。財爲費芳味反。什音十。一而出十而出一。無所復扶又反。謙自「行」字至「謙」，本今無。

【補】「秋收冬藏」，「收」作「斂」，今據石臺本、鄭注本改。《挍勘記》：「案，《正義》云『此依鄭注也』，則當作『秋收』。岳本改爲『秋斂』，非。」

「舉事順時」，「舉」誤「四」。「各盡所宜」，誤爲「原隰之宜」。「此分地利也」，「地」誤「池」。「用節省則免饑寒」，「免」誤「兄」。「公賦既充」，「既」誤「時」。「則私養不闕」，「私」誤「篤」。「庶人爲孝」，「爲」誤「之」。「唯此而已」，「唯」誤「止」。今悉據石臺本、岳本、閩本、監本、毛本改。

「又蒲板反」之「板」，今本作「救」，今據《釋文挍勘記》引葉本、盧本改。

「行下孟反音如字」，臧氏鏞堂云：「案『音如字』當作『又如字』，否則『音』爲『或』字之訛。」

疏「用天」至「孝也」○《正義》曰：夫子上述士之行孝已畢，次明庶人之行孝也。言庶人服田力穡，當須用天之四時生成之道也。分地五土所宜之利，謹慎其身，節省其用，以供養其父母，此則庶人之孝也。《援神契》云：「庶人行孝曰『畜』。」以畜養爲義，言能躬耕力農，以畜其德而養其親也。注「春生」至「道也」○《正義》曰：云「春生、夏長、秋收、冬藏」者，此依鄭注也。《爾雅・釋天》云：「春爲發生，夏爲長嬴[一]，秋爲收成，冬爲安寧。」「安寧」即閉藏之義也。云「舉事順時，此用天之道也」者，謂舉農畝之事，順四時之氣，春生則耕種，夏長則耘苗，秋收則穫刈，冬藏則入廩也。注「分別」至「利也」○《正義》曰：云「分別五土，視其高下」者，此依鄭注也。案《周禮・大司徒》云：五土，一曰山林，二曰川

[一]「嬴」，道光九年刻本、《孝經注疏》泰定本作「毓」。按《古逸叢書》景宋蜀大字本《爾雅》、阮元本《爾雅注疏》作「嬴」。

澤，三曰丘陵，四曰墳衍，五曰原隰。謂庶人須能分別，視此五土之高下，隨所宜而播種之，則《職方氏》所謂「青州其穀宜稻麥」「雍州其穀宜黍稷」之類是也。云「各盡其所宜，此分地之利也」者，此依孔傳也。劉炫曰：「黍稷生於陸，菰稻生於水。」㊟「身恭」至「不闕」○《正義》曰：云「身恭謹則遠恥辱」者，《論語》曰：「恭近於禮，遠恥辱也。」云「用節省則免饑寒」者，「用」謂庶人衣服、飲食、喪祭之用，當須節省。《禮記》曰「食節事時」，又曰「庶人無故不食珍」及「三年之耕必有一年之食，九年耕必有三年之食，以三十年之通，雖有凶旱水溢，民無菜色」，是「免饑寒」也。云「公賦既充則私養不闕」者，「賦」者，自上稅下之名也，謂常省節財用，公家賦稅充足，而私養父母不闕乏也。孟子稱「周人百畝而徹，其實皆什一也」，趙岐注云：「家耕百畝，徹取十畝以爲賦也。」又云：「公事畢，然後敢治私事。」是也。㊟「庶人」至「而已」○《正義》曰：此依魏注也。案天子、諸侯、卿大夫、士皆言「蓋」，而庶人獨言「此」，注釋言「此」之意也。謂天子至士，孝行廣大，其章畧述宏綱，所以言「蓋」也；庶人用天分地，謹身節用，其孝行已盡，故曰「此」，言唯此而已。《庶人》不引《詩》者，義盡於此，無贅詞也。

補「言庶人服田力穡」，「穡」誤「釋」，今據閩本、毛本改。

「生成之道也」，「成」誤「蔑」，今據閩本、監本、毛本改。

「謹慎其身」，「慎」誤「身」，「身」誤「道」，今據閩本、監本、毛本改。

「節省其用，以供養其父母」，「節省」下有「而」字無「其」字，今據閩本、監本、毛本增「其」字、删「而」字。

「庶人行孝曰畜」，誤「爲有公白而」，今據閩本、監本、毛本改。

「以畜養爲義」，「義」誤「事」，今據閩本、監本、毛本改。

「夏爲長毓」，「毓」誤「統」，今據閩本、監本、毛本改。《挍勘記》：「案，《爾雅》作『贏』，《釋文》云：『本亦作贏。』」「夏長則耘苗」，《挍勘記》：「案，《説文》『䅯』字注云：『除苗閒穢也。』或从『芸』作『𦔳』，今字省『艸』作『耘』。閩本以下作『芸』，非也。」

「此依鄭注也」，《挍勘記》：「案，『分別五土，視其高下，若高田宜黍稷，下田宜稻麥，丘陵阪險宜種桑栗』，見《太平御覽》卷三十六、《初學記》卷五、唐司馬貞《議》及《釋文》所引，皆云鄭注。今本作『魏注』，非是。」今據此改。臧氏曰：「末句當從一本作『宜種棗棘』，作『桑栗』者非。」

「趙岐注云」，本作「劉熙」，今據《正誤》改。

福案：諸葛孔明《便宜十六策》曰：「經云庶人之所好者，唯躬耕勤苦，謹身節用，以養父母。制之以財，用之以禮，豐年不奢，凶年不儉，素有積蓄，以儲其後。」此漢武侯説《孝經》古義也。又案：此引經祇有二句，乃前後加以説經之語，又統稱爲「經云」，或魏文侯傳文乎？

故自天子至於庶人，孝無終始，而患不及者，未之有也。**注**始自天子，終於庶人，尊卑雖殊，孝道同致。而患不能及者，未之有也。言無此理，故曰「未有」。

音義故自天子古文分此以下別爲一章。　故患難奴旦反。　不及其身也善一本作「難」。自「故患〔一〕」至「善」字，本今無。　未之有也

補臧氏曰：「《正義》曰：『諸家皆以爲「患及身」』。又：『惟《蒼頡篇》謂「患」爲「禍」』，孔、鄭、韋、王之學引之以釋此經。』又：「謝萬云：『能行如此之善，曾子所以稱難。故鄭注云：善未有也。』按謝萬引注，知陸本作『善』是也。『之』字當衍，淺人誤以注爲經，故增『之』。『一本作難』，『難』當爲『歎』字之訛。」

疏「故自」至「有也」〇《正義》曰：夫子述天子、諸侯、卿大夫、士、庶人行孝畢，於此

〔一〕「患」原作「建」，據《經典釋文》改。

總結之。則其五等尊卑雖殊，至於奉親，其道不别，故從天子以下至於庶人，其孝道則無終始，貴賤之異也。或有自患己身不能及於孝，未之有也，自古及今未有此理，盡是勉人行孝之辭也。㊟「始自」至「未有」○《正義》曰：云「始自天子，終於庶人」者，謂五章以天子爲始，庶人爲終也。云「尊卑雖殊，孝道同致」者，謂天子、庶人尊卑雖别，至於行孝，其道不殊。天子須愛親敬親，諸侯須不驕不溢，卿大夫須言行無擇，士須資親事君，庶人謹身節用，各因心而行之斯至，豈藉創物之智、扛鼎之力，若牽强之？無不及也。云「而患不能及者，未之有也」者，此謂人無貴賤尊卑，行孝之道同致，若各率其己分，則皆能養親，言患不及於孝者未有也。《禮記》説孝道包含之義廣大，「塞乎天地」「横乎四海」。經言「孝無終始」[一]，謂難備終始，但不致毁傷、立身行道，安其親、忠於君，一事可稱，則行成名立，不必終始皆備也。此言孝行甚易，無不及之理，固[二]非孝道不終始致必及之患也。云「言無此理，故曰未有」者，此釋「未之有」之意也。謝萬以爲「無終始」，恒患不及；「未之有」

〔一〕「終始」原作「於終」，據道光九年刻本、《孝經注疏》泰定本、十行本改。
〔二〕「固」，《孝經注疏》泰定本、十行本作「故」。

者，少賤之辭也。劉瓛云：「禮不下庶人。若言我賤而患行孝不及己者，未之有也。」此但得憂不及之理，而失於歎少賤之義也。鄭曰：「諸家皆以爲患及身，今注以爲自患不及，將有説乎？」答曰：案《説文》云：「患，憂也。」《廣雅》曰：「患，惡也。」又若案注説，釋「不及」之義凡有四焉，大意皆謂有患貴賤行孝無及之憂，非以患爲禍也。經傳之稱「患」者多矣，《論語》「不患人之不己知」，又曰「不患無位」，又曰「不患寡而患不均」，《左傳》曰「宣子患之」，皆是憂惡之辭也。惟《蒼頡篇》謂患爲禍，孔、鄭、韋、王之學引之以釋此經，故皇侃曰：「無始有終，謂改悟之善，惡禍何必及之。」則無始之言已成空設也。《禮·祭義》：「曾子説孝曰：衆之本教曰孝，其行曰養。養可能也，敬爲難；敬可能也，安爲難；安可能也，卒爲難。父母既没，慎行其身，不遺父母惡名，可謂能終矣。」夫以曾參行孝，親承聖人之意，至於能終孝道，尚以爲難，則寡能無識，固非所企也。今爲行孝不終，禍患必及。此人偏執，詎謂經通？鄭曰：「《書》云『天道福善禍淫』，又曰『惠迪吉，從逆凶，惟影響』，斯則必有災禍，何得稱無也？」答曰：來問指淫凶悖慝之倫，經言戒不終善美之輩。《論語》曰：「今之孝者，是謂能養。」曾子曰：「參，直養者也，安能爲孝乎？」又此章云：「以養父母，此庶人之孝也。」儻有能養而不能終，只可未爲具美，無宜即同淫慝也。古今凡庸，詎識學道？但使能養，安知始終？若令皆及於災，便是比屋可貽禍矣。而當朝通識者以爲鄭注非誤，故謝萬云：「言爲人無終始者，謂孝行有終始也。患不及者，謂用心憂不足也。能行如此之善，曾子所以稱難。故鄭注云：善未有也。」諦詳此義，將謂不然。何者？孔聖垂文，包於上下，盡力隨分，寧限高卑？則因心而行，無不及也。如依謝萬之説，此則常情所昧矣。子夏曰：「有始有卒者，其惟聖人乎？」若施化惟待聖人，千載方期一遇，「加於百姓」「刑於四海」，乃爲虛説者與。《制旨》曰：「嗟乎！孝之爲大，若天之不可逃也，地之不可遠也。朕窮五孝之説，人無貴賤，行無終始，未有不由此道而能立其身者。然則聖人之德，豈云遠乎？我欲之而斯至，何患不及於己者哉。」

補「若牽强之無不及也」，「牽」誤「率」，段氏玉裁云：「『率』當作『牽』。」今據此改。「禮記説孝道包含之義」，本無「禮記」二字，浦氏鏜云：「『説』上當脱『禮記』二字。」今據此增。

「制旨曰」，《校勘記》：「案，唐玄宗《孝經制旨》一卷，見《唐書・藝文志》。」

福謂：孔子言庶人之孝，不過謹身節用，以養父母而已。即曾子所謂「以力惡食」「小孝用力」「慈愛忘勞，可謂用力矣」，皆其義也。孟子曰：「世俗所謂不孝者五：惰其四支，不顧父母之養，一不孝也；博弈好飲酒，不顧父母之養，二不孝也；好貨財、私妻子，不顧父母之養，三不孝也；從耳目之欲，以爲父母戮，四不孝也；好勇鬭很，以危父母，五不孝也。」《大戴禮·少閒》篇：「庶人仰視天文，俯視地理，力時使以聽乎父母。」

又案「而患不及者」之「患」字其説有二：一是明皇注云「患不能及者」，《制旨》云：「何患不及於己哉。」蓋以「患」字作「憂慮」字解，言天子、庶人，始終各有孝道之分際，而憂患己之力不能及乎其孝之分際者，未之有也。此本謝萬、劉瓛之説也。一是邢疏引《蒼頡篇》謂「患」爲「禍患」，孔、鄭、韋、王之學引《蒼頡篇》以釋此經，言孝無終始，禍患必及其身也。福謂：孔、鄭、韋、王之説是也，謝、劉、明皇之説非也。此「患」字所以作「禍」字解者，言孝須有始有終，若無始無終，而禍患不及者，未之有也。孔、曾之學皆以防禍患爲先，故曾子曰：「君子患難除之。」又曰：「禍之所由生自孅孅也，是故君子夙絕之。」又曰：「天子日旦思其四海之内，戰戰惟恐不能乂也；諸侯日旦思其四封之内，戰戰惟恐失損之也；大夫士日旦思其官，戰戰惟恐不能勝也；庶人日旦思其事，戰戰惟恐刑罰之至也。是故臨事而栗者，鮮不濟矣。」此皆是「禍患及之」之義，亦即是自天子至庶人皆恐禍患及身之義。明是曾子發明《孝經》之義，譬如曾子注此經也。至於「及」字之義，亦屢見於《曾子》。曾子又曰：「忿言不及於己。」「五者不遂，災及乎身。」「殺六畜不當及親，吾信之矣。」蓋皆謂禍患之及身而且及親也。《孝經》《曾子》不但義互發明，即文理亦復相似。試以《曾子》證之，當從《蒼頡篇》訓無疑矣。

至於「終始」之説，福又謂：《開宗明義章》曰「孝之始也」「孝之終也」，已明言「終」「始」二字。《論語》亦曰「慎終追遠」，是「終始」自當屬之孝道。若明皇注以「終始」爲天子至庶人之終始，其義竊所不取。何也？孔子於《諸侯章》《卿大夫章》《士章》皆言「然後能保其社稷」「保其宗廟」「守其禄位」，獨於《天子》《庶人》首尾兩章未言「保」「守」等義，故於此作總結語，云「故自天子至於庶人」也。言及於禍患五等所同，天子當防患及也。明皇講此經，不知患及天子之戒，是孔子、曾子論孝之時，似已預括天寶之事，所繫豈不大哉？

又疏内兩「鄭曰」皆有誤，皆當云「主鄭者曰」，蓋唐人問難之辭。不然，鄭注内不應有「諸家」二字，且後「鄭曰」所引《尚書》乃東晉古文，小同時安得知之？此《尚書》亦不過唐時主鄭者所引，元行沖等駁之，所以傅會《制旨》，即御製序内所云「今存於疏，用廣發揮」也，而今人或即輯爲鄭注，誤矣。

又案《漢書·杜周傳》引孔子「孝無終始，而患不及」，解爲「禍患」，此西漢人已如此矣。

三才章

【疏】《正義》曰：天地謂之「二儀」，兼人謂之「三才」。曾子見夫子陳説五等之孝既畢，乃發歎曰：「甚哉！孝之大也。」夫子因其歎美，乃爲説天經、地義、人行之事，可教化於人，故以名章，次五等之後。

曾子曰：「甚哉！孝之大也。」【注】參聞孝行無限高卑，始知孝之爲大也。

子曰：夫孝，天之經也，地之義也，民之行也。【注】經，常也。利物爲義。孝爲百行之首，人之常德，若三辰運天而有常，五土分地而爲義也。天地之經，而民是則之。【注】天有常明，地有常利，言人法則天地，亦以孝爲常行也。則天之明，因地之利，以順天下，是以其教不肅而成，其政不嚴而治。【注】法天明以爲常，因地利以行義，順此以施政教，則不待嚴肅而成理也。

【音義】曾子曰甚哉曾，從八正；甚，從甘匹正，皆放此。語魚據反。喟丘媿反，又丘恠反。然自「語」字至「然」，本今無。夫音符。孝民之行下孟反，注同。也孝弟大計反，本亦作「悌」。恭敬民皆樂音洛。之自「孝弟」至「之」字，本今無。其政不嚴而治直吏反，注同。政不煩苛音何。自「政」字至「苛」，本今無。

【補】「人之常德」，石臺本、岳本「常」作「恒」。《挍勘記》：「案，作『常』，避宋諱，《正義》

引《易》『恒其德貞』作『常其德貞』，皆仍宋刻之舊。」

[疏]「曾子」至「而治」○《正義》曰：夫子述上從天子、下至庶人五等之孝後，總以結之，語勢將畢，欲以更明孝道之大，無以發端，特假曾子歎孝之大，更以彌大之義告之也。曰「夫孝天之經、地之義、民之行」者，經，常也，人生天地之閒，稟天地之氣節，人之所法，是天地之常義也。聖人司牧黔庶，故須法則天之常明，因依地之義利，以順行於天下。是以其爲教也，不待肅戒而自成也；其爲政也，不假威嚴而自理也。㊟「參聞」至「大也」○《正義》曰：「高」謂天子，「卑」謂庶人。言曾參既聞夫子陳説天子、庶人皆當行孝，始知孝之爲大也。㊟「經常」至「義也」○《正義》曰：云「經，常也。利物爲義」者，「經，常」即書傳通訓也。《易文言》曰：「利物足以和義。」是「利物爲義」也。云「孝爲百行之首，人之常德」者，鄭注《論語》云：「孝爲百行之本。」言人之爲行，莫先於孝。」案《周易》曰：「常其德，貞。」孝是人之常德也。云「若三辰運天」，謂日、月、星以時運轉於天。云「五土分地而爲義也」者，《釋名》云：「土者，吐也，言吐生萬物。」《周禮》五土十地之利。言孝爲百行之首，是人生有常之德，若日月星辰運行於天而有常，山川原隰分別土地而爲利，則知貴賤雖別，必資孝以立身，皆貴法則於天地。然此經全與《左傳》鄭子大叔荅趙簡子問禮同，其

異一兩字而已，明孝之與禮，其義同。注「天有」至「行也」○《正義》曰：云「天有常明」者，謂日、月、星辰，照臨於下，紀於四時，人事則之，以「夙興夜寐，無忝爾所生」，故下文云「則天之明」也。云「地有常利」者，謂山川原隰，動植物産，人事因之，以晨羞夕膳，色養無違，故下文云「因地之利」也。此皆人能法則天地以爲孝行者，故云「亦以孝爲常行也」。上云「天之經，地之義」，此言〔一〕「天地之經」而不言「義」者，爲地有利物之義，亦是天常也，若分而言之則爲義，合而言之則爲常也。注「法天」至「理也」○《正義》曰：云「法天明以爲常，因地利以行義」者，上文云「夫孝，天之經，地之義」者，故云「法天明以爲常」，釋「天之明」也；「因地利以爲義」，釋「地之利」也。云「順此以施政教，則不待嚴肅而成理也」者，經云「其教不肅而成，其政不嚴而治」，注則以政教相就而明之，嚴肅相連而釋之，從便宜省也。《制旨》曰：「天無立極之統，無以常其明；地無立極之統，無以常其利；人無立身之本，無以常其德。然則三辰迭運，而一以經之者，大利之性也；五土分植，而一以宜之者，大順之理也；百行殊途而一以致之者，大中之要也。夫愛始於和而敬生於順，是以因和以

〔一〕「言」，道光九年刻本，《孝經注疏》泰定本、十行本作「云」。

教愛，則易知而有親；因順以教敬，則易從而有功。愛敬之化行，而禮樂之政備矣。聖人則天之明以爲經，因地之利以行義，故能不待嚴肅而成可久、可大之業焉。」

補 福案：則，法也。《論語》「唯天爲大，唯堯則之」注，《詩・卷阿》「四方爲則」箋，《禮記・曲禮》「必則古昔」疏，又《禮運》「故聖人作則」疏，《國語・周語》「五曰夷則」注，《晉語》「是反天地而逆民則也」注，《楚語》「使知上下之則」注、「神狎民則」注，皆訓「則」爲「法」也。《孝經》「則」字凡四見，此章云「而民是則之」「則天之明」，又《聖治章》云「民無則焉」「則而象之」，皆訓作「法」字。「則」字之義譬如繩尺、規矩，周人最重之，故《左傳》載公孫枝對秦伯曰「唯則定國」，季文子使史克對文公云，引《周禮》曰「則以觀德」，又引《誓命》曰「毁則爲賊」，北宫文子引《詩》「敬慎威儀，維民之則」。

「天明」猶云天理。《周書》曰：「紹天明。」《左傳》曰：「反易天明。」「二三子順天明。」

董仲舒《春秋繁露・五行對》：河閒獻王問温城董君曰：「《孝經》曰『夫孝，天之經、地之義』，何謂也？」對曰：「天有五行，木、火、土、金、水是也。木生火、火生土、土生金、金生水，水爲冬、金爲秋、土爲季夏、火爲夏、木爲春，春主生、夏主長、季夏主養、秋主收、冬主藏，藏冬之所成也。是故父之所生，其子長之；父之所長，其子養之；父之所養，其子成之。諸父所爲，其子皆奉承而緒行之，不敢不致如父之意，盡爲人之道也。故五行者，五行也。由此觀之，父授之，子受之，乃天之道也，故曰『夫孝者，天之經』也，此之謂也。」王曰：「善哉！天經既聞得之矣，願聞地之義。」對曰：「地出雲爲雨，起氣爲風。風雨者，地之爲，爲地不敢有其功名，必上之於天命。若從天氣者，故曰天風、天雨也，莫曰地風、地雨也。勤勞在地，名一歸於天，非至有義，其孰能行此？故下事上，如地事天也，可謂大忠矣。土者，火之子也，五行莫貴乎土。土之於四時，無所命者，不與火分功名。木名春，火名夏，金名秋，水名冬，忠臣之義，孝子之行，取之土。土者，五行最貴者也，其義不可以加矣。五音莫貴於宮，五味莫美於甘，五色莫盛於黃，此謂孝者，地之義也。」王曰：「善哉！」此漢董氏説《孝經》古義也。

先王見教之可以化民也，[注]見因天地教化人之易也。是故先之以博愛，而民莫遺其親；[注]君愛其親，則人化之，無有遺其親者。陳之以德義，而民興行；[注]陳説德義之美，爲衆所慕，則人起心而行之。先之以敬讓，而民不爭；[注]君行敬讓，則人化而不爭。導之以禮樂，而民和睦；[注]禮以檢其跡，樂以正其心，則和睦矣。示之以好惡，而民知禁。[注]示好以引之，示惡以止之，則人知有禁令，不敢犯也。

【音義】民之易以豉反。本今作「人之易」。也而民興行下孟反。上好呼報反，下「好禮」同。義自「上」字至「義」，本今無。而民不争争鬭之「争」，從爪肀正，皆放此。若文王敬讓於朝直遥反。虞芮推畔於田則下効户教反。之自「若」字至「之」，本今無。導音道，本或作「道」。之以禮樂示神至反。之以好如字，又呼報反。惡如字，注同，又烏路反。而民知禁金鴆反，注同。

【補】「上好義」，顧氏廣圻云：「注當取《論語》『上好禮，則民莫敢不敬；上好義，則民莫敢不服』之文以證《孝經》。」

「導，音道，本或作道」，臧氏按：「此當作『道，音導，本或作導』。《論語》『道千乘之國』，《釋文》『道，音導，本或作導』可證。正德本疏中『道之以禮樂之教』，監本、毛本悉改爲『導』，此亦淺人所改。石臺本、唐石經、岳本皆作『導』。」

【疏】「先王」至「知禁」○《正義》曰：言先王見因天地之常，不肅、不嚴之政教可以率先化下人也，故須身行博愛之道以率先之，則人漸其風教，無有遺其親者。於是陳説德義之美，以順教誨人，則人起心而行之也。先王又以身行敬讓之道以率先之，則人漸其德而不争競也。又導之以禮樂之教，正其心跡，則人被其教，自和睦也。又示之以好者必愛之，惡者必討之，則人見之而知國有禁也。㊟「見因」至「易也」○《正義》曰：此依鄭注也。言先王見天明、地利有益於人，因之以施化，行之甚易也。㊟「君愛」至「親者」○《正義》曰：此依王注也。言君行博愛之道，則人化之，皆能行愛敬，無有遺忘其親者，即《天子章》之「愛敬盡於事親，而德教加於百姓」是也。㊟「陳説」至「行之」○《正義》曰：《易》稱「君子進德修業」，又《論語》云「義以爲質」，又《左傳》説趙衰薦郤縠云：「説禮樂而敦《詩》《書》。《詩》《書》，義之府也；禮樂，德之則也。德、義，利之本也。」且德、義之利，是爲政之本也。言大臣陳説德義之美，是天子所重，爲羣情所慕，則人起發心志而效行之。㊟「君行」至「不争」○《正義》曰：此依魏注也。案《禮記·鄉飲酒義》云：「先禮而後財，則民作敬讓而不争矣。」言君身先行敬讓，則天下之人自息貪競也。㊟「禮以」至「睦矣」○《正義》曰：此依魏注也。案《禮記》云：「樂由中出，禮自外作。」「中」謂心在其中也，「外」謂跡見於外也。由心以出者，宜聽樂以正之；自跡以見者，當用禮以檢之。「檢之」謂檢束也。言心跡不違於禮樂，則人當自和睦也。㊟「示好」至「犯也」○《正義》曰：云「示好以引之，示惡以止之」者，案《樂記》云：「先王之制禮樂也，將以教民平好惡而反人道之正也。」故示有好必賞之，令以引喻之，使其慕而歸善也；示有惡必罰之，禁以懲止之，使其懼而不爲也。

云「則人知有禁令，不敢犯也」者，謂人知好惡而不犯禁令也。

【補】「又論語云義以爲質」，《校勘記》：「案，《論語釋文》出『爲質』云一本作『君子義以爲質』，此與《釋文》合。」

福案：陸德明《音義》「若文王敬讓於朝，虞芮推畔於田」兩整句，此鄭注也。鄭氏用《詩》虞芮質厥成之事，以注敬讓不争之經，豈爲繁蕪，而唐注删之？班固《白虎通・三教》曰：「三教一體而分，不可單行，故王者行之有先後。何以言三教並施，不可單行也？以忠、敬、文，無可去者也。教所以三何？法天地人，内忠外敬，文飾之，故三而備也。即法天地人，各何施？忠法人，敬法地，文法天，人道主忠。人以至道教人，忠之至也，人以忠教，故忠爲人教也。地道謙卑，天之所生，地敬養之，以敬爲地教也。教者何謂也？教者，效也，上爲之下效之。民有質樸，不教不成，故《孝經》曰：『先王見教之可以化民。』」王符《潛夫論・斷訟》引《孝經》曰：「陳之以德義，而民興行；示之以好惡，而民知禁。」《禮記・緇衣》曰：「故君民者，章好以示民俗，慎惡以御民之淫，則民不惑矣。」鄭康成引《孝經》「示之以好惡」句注之，此真康成義也。

《詩》云：「**赫赫師尹，民具爾瞻。**」【注】赫赫，明盛貌也。尹氏爲太師，周之三公也。義取大臣助君行化，人皆瞻之也。

音義 詩云此《詩・小雅・節南山》之詩。赫本又作赤，火白反。師尹若冢張勇反。宰之屬也女音汝，下同。當視民常旨反，皆放此。自「若」字至「放此」，本今無。

疏「詩云」至「爾瞻」〇《正義》曰：夫子既述先王以身率下，次及大臣助君行化之義畢，乃引《小雅・節南山》詩以證成之。「赫赫」，明盛之貌也。師尹，太師尹氏也。言助君行化，爲人模範，故人皆瞻之。注「赫赫」至「之也」〇《正義》曰：云「赫赫，明盛貌也。尹氏爲太師，周之三公也」者，此《毛傳》文。太師、太傅、太保是周之三公，尹氏時爲太師，故曰師尹氏也。云「義取大臣助君行化，人皆瞻之也」者，引《詩》大意如此。孔安國曰：「具，皆也。爾，女也。」古語或謂「人具爾瞻」，則人皆瞻女也。此章再言「先之」，是君身行率先於物也；「陳之」「導之」「示之」，是大臣助君爲政也。案《大戴禮》云：「昔者舜左禹而右皋陶，不下席而天下大治。夫政之不中，君之過也；政之既中，令之不行，職事者之罪也。」後引《周禮》稱：「三公無官屬，與王同職，坐而論道。」又案《尚書・益稷》篇稱：「帝曰：『吁！臣哉鄰哉，鄰哉臣哉。』」又曰：「臣作朕股肱耳目。」孔傳曰：「言君臣道近，相須而成。」「言同體若身。」君任股肱，臣戴元首之義也。故《禮・緇衣》稱：「上好是物，下必有甚者矣。故上之好惡不可不慎也，是民之表也。《詩》云：『赫赫師尹，民具爾瞻。』《甫刑》曰：『一人有慶，兆民賴之。』」《緇衣》之引《詩》《書》，是明下民從上之義。師尹，大臣也；一人，天子也。謂人君爲政，有身行之者，有大臣助行之者。人之從上，非唯從君，亦從論道之大臣，故并引以結之也。此章上言先王、下引師尹，則知君臣同體，相須而成者，謂此也。皇侃以爲無先王在上之詩，故斷章引太師之什，今不取也。

補「古語或謂人具爾瞻」，浦氏鏜云：「『古語或謂』四字疑衍文，下句『則』疑『謂』字之誤。」

「言同體若身」，「同」誤「大」，《挍勘記》引《正誤》云：「『大作〔二〕同』是也。」今據此改。福謂：孔子所以引《詩》師尹者，孝教出於師。《周禮·地官》：師氏「以三德教國子」，「三曰孝德，以知逆惡」。教三行，「一曰孝行，以親父母」。此言孝教出於師，況乎太師？此所引二句，意固在於民瞻，然孔子之意，尤節取「師尹」二字以爲政教之證。皇侃以爲無先王在上之詩，及邢疏謂引大臣以并結，似未得孔子、曾子之本義也。

〔二〕「作」原作「則」，據阮元《孝經注疏校勘記》改。

孝經義疏補

揚州阮福

孝經注疏卷四

唐明皇御注　陸德明音義
元行沖疏　宋邢昺校

孝治章

疏《正義》曰：夫子述此，明王以孝治天下也。前章明先王因天地、順人情以爲教。此章言明王由孝而治，故以名章，次《三才》之後也。

子曰：昔者明王之以孝治天下也，注言先代聖明之王，以至德要道化人，是爲孝理。不敢遺小國之臣，而況於公、侯、伯、子、男乎？注小國之臣，至卑者耳。王尚接之以禮，況於五等諸侯？是廣敬也。故得萬國之懽心，以事其先王。注萬國，舉其多也。言行孝道以理〔一〕天下，皆得懽心，則各以其職來助祭也。

〔一〕「理」原作「禮」，據《孝經注疏》泰定本、十行本改。

音義 䈏正皆仿此，本今作昔。聘匹正反。問天子無恙羊尚反。五年一朝直遥反，下注同。郊迎魚敬反，又魚荆反。芻初俱反。禾百車以客苦百反。本或作「以客禮待之」。夜設庭燎力召反，本亦作「燎」，同，一音力弔反，徐力燒反。鄭云：「在地曰燎，執之曰燭。」又云：「樹之門外曰大燭，於内曰庭燎，皆是照衆爲明。」當爲于僞反，下皆同。王者侯者侯户豆反。伺音司，又相吏反。伯者長丁丈反，下同。男者任而鴆反。也德不倍步罪反。別彼列反。優自「聘」字至「優」，本今無。故得萬國之歡字亦作「懽」。

補「故得萬國之懽心」，鄭注本「懽」作「歡」，石臺本「萬」作「万」，注同。《挍勘記》：「案，唐人千萬字多作『万』。『萬國舉其多也』，岳本『多』改作『大』。」

《太平御覽》卷一百四十七引《孝經鄭注》曰：「古者諸侯五年一朝，天子使世子郊迎，芻米百車，以客禮待之。晝坐正殿，夜設庭燎，思與相見，問其勞苦也。」《周禮・大行人》疏引鄭注「世子郊迎」。《儀禮・覲禮》疏引鄭注云：「天子使世子郊迎。」

《禮記・王制》正義：「《孝經》云：『德不倍者，不異其爵。功不倍者，不異其土。故轉相半別優劣。』」《正義》曰：「舊解云：『公者正也，言正行其事。侯者候也，言斥候而服事。伯者長也，爲一國之長也。子者字也，言字愛於小人也。男者任也，言任王之職事也。』」臧氏案：「舊解言公侯，與鄭注異。《釋文》曰：『當爲，于僞反，下皆同。』舊解亦無。惟

『伯者長也，爲一國之長也』『男者任也』，與鄭注合。然則《正義》所稱舊解，不專謂鄭注矣。『本或作以客禮待之』，此八字非陸語，故舊本空一字以別之，校者據《釋文》有此本也。」

《序録》謂《孝經》童蒙始學，特紀全句，則此一本，是義疏家稱引舊注，往往不加區別。《禮記正義》引《孝經》，即此注也。

疏「子曰」至「先王」○《正義》曰：此章之首，稱「子曰」者，爲事訖，更別起端首故也。言昔者聖明之王，能以孝道治於天下，大教接物，故不敢遺小國之臣，而況以五等之君乎？言必禮敬之。明王能如此，故得萬國之懽心，謂各修其德，盡其懽心，而來助祭，以事其先王。經「先王」有六焉，一曰「先王有至德」，二曰「非先王之法服」，三曰「非先王之法言」，四曰「非先王之德行」，五曰「先王見教之可以化民也」，此皆指先代行孝之王。此章云「以事其先王」，則指行孝王之祖考。注「言先」至「孝理」○《正義》曰：此釋「孝治」之義也。《國語》曰：「古曰在昔，昔曰先民。」《尚書·洪範》云：「睿作聖。」《左傳》：「照臨四方曰明。」「昔者」非當時代之名，「明王」則聖王之稱也，是汎指前代聖王之有德者。經言「明王」，還指首章之「先王」也。以代言之，謂之「先王」，以聖明言之，則爲「明王」，事義相同，故注以至德要道釋之。注「小國」至「敬也」○《正義》曰：此依王注義也。五等諸侯，則公、侯、伯、子、男。舊解云：「公者，正也，言正行其事。侯者，候也，言斥候而服事。伯者，長也，爲一國之長也。子者，字也，言字愛於小人也。男者，任也，言任王之職事也。」爵則上皆勝下，若行事亦互相通。《舜典》曰：「輯五瑞。」孔安國曰：「舜斂公、侯、伯、子、男之瑞圭璧。」斯則堯舜之代，已有五等諸侯也。《論語》云：「殷因於夏禮」，「周因於殷禮」。案《尚書·武成》篇云：「列爵惟五，分土惟三。」鄭注《王制》云：「殷所因夏爵，三等之制也。」是有公、侯、伯，而無子、男。武王增之，總建五等。時九州界狹，故土惟三等，則《王制》云：「公、侯田方百里，伯七十里，子、男五十里。」至周公攝政，斥大九州之界，增諸侯之大者地方五百里，侯四百里，伯三百里，子二百里，男百里。然據鄭玄，夏殷不建子男，武王復增之也。案五等，公爲上等，侯、伯爲次等，子、男爲下等。則「小國之臣」，謂子男卿大夫。況此諸侯，則至卑也。《曲禮》云：「列國之大夫，入天子之國，曰某士。」諸侯言列國者，兼小大，是小國之卿大夫有見天子之禮也。言雖至卑，盡來朝聘，則天子以禮接之。案《周禮·掌客》云：上公饔餼九牢，飧五牢；侯、伯饔餼七牢，飧四牢；子、男饔餼五牢，飧三牢，三等。其五等之介，行人、宰史，皆有飧饔餼。唯上介有禽獻。其卿大夫、士有特來聘問者，則待之如其爲介時也。是待諸侯及其臣之禮，是皆廣敬之道也。㊟

「萬國」至「祭也」○《正義》曰：云「萬國，舉其多也」者，此依魏注也。《詩》《書》之言萬國者多矣，亦猶言萬方，是舉多而言之，不必數滿於萬也。皇侃云：「《春秋》稱『禹會諸侯於塗山，執玉帛者萬國』，言禹要服之内，地方七千里，而置九州。九州之中，有方百里、七十里、五十里之國，計有萬國也。」因引《王制》，殷之諸侯有千七百七十三國也。《孝經》稱周之諸侯有九千八百國，所以證萬國爲夏法也。信如此説，則《周頌》云「綏萬邦」，《六月》云「萬邦爲憲」，豈周之代復有萬國乎？今不取也。云「言行孝道以理天下，皆得懽心，則各以其職來助祭也」者，言明王能以孝道理於天下，則得諸侯之懽心，以事其先王也。「各以其職來祭」者，謂天下諸侯，各以其所職貢，來助天子之祭也。「知」者，《禮器》云：「大饗，其王事與。」注云：「盛其饌與貢，謂祫祭先王。」又云：「三牲、魚腊，四海九州之美味也。籩豆之薦，四時之和氣也。」注云：「此饌諸侯所獻。」又云：「内金，示和也。」注云：「此所貢也，内之庭實先設之。金從革，性和，荆、楊二州，貢金三品。」又云：「束帛加璧，尊德也。」注云：「貢享所執致命者，君子於玉比德焉。」又云：「龜爲前列，先知也。」注云：「龜知事情者，陳於庭，在前。荆州納錫大龜。」又云：「金次之，見情也。」注云：「金炤物，金有兩義，先入後設。」又云：「丹、漆、絲、纊、竹、箭，與衆共財也。」注云：「萬民皆有此物，荆州貢丹，兖州貢漆、絲，豫州貢纊，楊州貢篠、簜。」又云：「其餘無常貨，各以其國之所有，則致遠物也。」注云：「其餘謂九州之外，夷服、鎮服、藩服之國。《周禮》：『九州之外，謂之蕃國。世一見，各以其所貴寶爲贄。』周穆王征犬戎，得白狼白鹿，近之。」《大傳》云：「遂天下諸侯，執豆籩，駿奔走。」又《周頌》曰：「駿奔走在廟。」此皆助祭者也。

補「則指行孝王之祖考」，本作「考祖」，今據《正誤》改。

「古曰在昔昔曰先民」，本無下「昔」字，今據《正誤》依《國語》增。

「還指首章之先王也」，「指」誤「有」；「言雖至卑」，「卑」誤「早」，今據閩本、監本、毛本改。

「上公饔餼九牢」，「上」誤「王」，今據《周禮·掌客》改。

「子男饔餼五牢」，「五」上脱「餼」字，今依《周禮》補。

「唯上介有禽獻」，「上」誤「止」，今據閩本、監本、毛本改；「獻」本作「獸」，《校勘記》：「案，《周禮》作獻。」今據《周禮》改。

「荆楊二州貢金三品」，閩本、監本、毛本「楊」作「揚」，段氏玉裁云：「今人多作『揚』，从扌。攷《廣雅》云：『楊，揚也。』《毛詩·王風·揚之水》釋文云：『或作楊。』然則《毛傳》：

『楊，激楊也。』正《廣雅》之所本。而郭忠恕《佩觿》曰：『楊，柳也，亦州名。』是郭所據《書》作『楊』，後人因『江南其氣燥勁，厥性輕揚』之云，改爲揚州。不知古今字多假借，所重惟音，則州名當依古从木也。」

「楊州貢篠簜」，「篠簜」誤「蓧蕩」，今據閩本、毛本改。《挍勘記》云：「監本篠作篠，不成字。案《説文》作『筱』，隸變『篠』。陸德明《釋文》云：『簜或作篡。』」

福案：《公羊·莊公二十五年傳》「陳侯使女叔來聘」，何休曰：「稱字，敬老也。禮七十，雖庶人，主孝而禮之。《孝經》曰『昔者明王之以孝治天下也，不敢遺小國之臣』是也。」此何氏説《孝經》古義也。

又案《大戴禮記·朝事》篇曰：「率而祀天於南郊，配以先祖，所以教民報德，不忘本也。率而享祀於太廟，所以教孝也。」

治國者，不敢侮於鰥寡，而況於士民乎？注 理國謂諸侯也。鰥寡，國之微者，君尚不敢輕侮，況知禮義之士乎？ 故得百姓之懽心，以事其先君。注 諸侯能行孝理，得所統之懽心，則皆恭事助其祭享也。

[音義]五年一巡音旬。守手又反，本又作狩。勞來上力報反，下力代反。自「五年」字至「力代反」，本今無。

不敢侮亡甫反。於鰥古頑反。寡無妻曰鰥，無夫曰寡。

[補]「理國謂諸侯也」，《校勘記》：「案，經作『治』，注作『理』，避所諱。」《尚書・堯典》：「五載一巡守，羣后四朝。」鄭康成注云：「四朝，四季朝京師也。巡守之年，諸侯見於方岳之下，其間四年，四方諸侯，分來朝於京師也。」王氏鳴盛《尚書後案》云：「鄭意謂每天子巡守之明年，東方諸侯，春季來朝京師。其又明年，南方諸侯，夏季來朝。又明年，西方諸侯，秋季來朝。又明年，北方諸侯，冬季來朝。又明年，則天子復巡守矣。」福案：《禮記・王制》曰：「諸侯之於天子也，五年一朝，天子五年一巡守。」孔穎達疏曰：「案《孝經鄭注》云：『諸侯五年一朝天子，天子亦五年一巡守。』熊氏以爲虞夏制法，諸侯之朝，代爲四部，四年乃徧，總是五年一朝，天子乃巡守。《孝經注》先儒疑非鄭注，然此條則是。熊氏推衍，亦得鄭意。」臧氏案：「上注『五年一朝』，《釋文》音朝，直遥反，云『下注同』。《禮記正義》所引，與陸本合。」《禮記・王制》正義引《孝經》云：「男子六十無妻曰鰥，婦人五十無夫曰寡。」《廣韻・二十八山》鄭氏云：「六十無妻曰鰥，五十無夫曰寡。」《文選・潘安仁〈關中詩〉》注引鄭注曰：「五十無夫曰寡。」《正義》曰：「舊解：『士

知義理。』又曰：『士，丈夫之美稱。』故注言『知禮義之士乎』。」臧氏按：「《正義》引舊解三事，其二與鄭注合。此以士爲丈夫之美稱，與下注『臣，男子賤稱』，文句極相似。第《釋文》稱字音始見，下則非也。豈『士知義理』句爲鄭注，而唐注本之乎？」

疏「治國」至「先君」○《正義》曰：此說諸侯之孝治也。言諸侯以孝道治其國者，尚不敢輕侮於鰥夫寡婦，而況於知禮義之士民乎？言亦必不輕侮也。以此故，得其國内百姓懽悦，以事其先君也。注「理國」至「士乎」○《正義》曰：云「理國謂諸侯也」者，此依魏注也。案《周禮》云：「體國經野。」《詩》曰：「生此王國。」是其天子亦言國也。《易》曰：「先王以建萬國，親諸侯。」是諸侯之國。上言明王「理天下」，此言「理國」，故知諸侯之國也。言「鰥寡國之微者，君尚不敢輕侮」者，案《王制》云：「老而無妻者謂之鰥，老而無夫者謂之寡，此天民之窮而無告者也。」則知鰥夫寡婦，是國之微賤者也。言「國之微賤者，君尚不輕侮，況知禮義之士乎」，釋經之「士民」。《詩》云：「彼都人士。」《左傳》曰：「多殺國士。」此皆説指有知識之人，不必居官授職之士。舊解：「士知義理。」又曰：「士，丈夫之美稱。」故注言「知禮義之士乎」，謂民中知禮義者。注「諸侯」至「享也」○《正義》曰：云「諸侯能行孝理，得所統之懽心」者，此言諸侯孝治其國，得百姓之懽心也。一國百姓，皆是君之所統理，故以所統言之，孔安國曰「亦以相統理」是也。云「則皆恭事助其祭享也」者，「祭享」謂四時及禘祫也。於此祭享之時，所統之人則皆恭其職事，獻其所有，以助於君，故云「助其祭享」也。

【補】《詩·烝民》：「不侮矜寡。」孔子之語，即本此也。

治家者，不敢失於臣妾，而況於妻子乎？【注】理家謂卿大夫。臣妾，家之賤者。妻子，家之貴者。故得人之懽心，以事其親。【注】卿大夫位以材進，受祿養親。若能孝理其家，則得小大之懽心，助其奉養。

【音義】男子賤稱尺證反，下同。小大盡津忍反。節自「男子」至「節」字，本今無。養羊尚反。

【補】「男子賤稱」，臧氏：「按《釋文》，知注云：『臣，男子賤稱。妾，女子賤稱。』」「小大盡節養」，臧氏案：「唐注云：『若能孝理其家，則得小大之懽心，助其奉養。』鄭注當類此。」

【疏】「治家」至「其親」○《正義》曰：此說卿大夫之孝治也。言以孝道理治其家者，不敢失於其家臣妾賤者，而況於妻子之貴者乎？言必不失也，故得其家之懽心，以承事其親也。㊟「理家」至「貴者」○《正義》曰：云「理家，謂卿大夫」者，此依鄭注也。案下章云：「大夫有争臣三人，雖無道，不失其家。」《禮記·王制》曰：「上大夫卿。」則知治家謂卿大夫。云「臣妾家之賤者」，案《尚書·費誓》曰：「竊馬牛，誘臣妾。」孔安國云：「誘偷奴婢。」既以臣妾爲奴婢，是家之賤者也。云「妻子家之貴者」，案《禮記》哀公問於孔子，孔子對曰：「妻者親之主也，敢不敬與？子者親之後也，敢不敬與？」是「妻子家之貴者」也。㊟「卿大夫」至「奉養」○《正義》曰：云「卿大夫位以材進」者，案《毛詩》傳曰：「建邦能命龜，田能施命，作器能銘，使能造命，升高能賦，師旅能誓，山川能説，喪紀能誄，祭祀能語。君子能此九者，可謂有德音，可以爲大夫。」是「位以材進」也。云「受禄養親」者，言能孝理其家，則受其所稟之禄以養其親。云「若能孝理其家，則得小大之懽心」者，謂小大皆得其懽心，小謂臣妾，大謂妻子也。云「助其奉養」者，案《禮記·内則》稱子事父母，婦事舅姑，日以「雞初鳴，咸盥漱，以適父母、舅姑之所。問衣燠寒，饘、酏、酒、醴、芼、羹、菽、麥、蕡、稻、黍、粱、秫唯所欲，棗、栗、飴、蜜以甘之，父母、舅姑必嘗之而後退」，此皆奉養事親也。天子諸侯，繼父而立，故言先王、先君也。大夫惟賢是授，居位之時，或有俸禄以逮於親，故言「其親」也。注順經文，所以言「助其奉養」，此謂事親生之義也。若親以終没，亦當言助其祭祀也。明王言「不敢遺小國之臣」，諸侯言「不敢侮於鰥寡」，大夫言「不敢失於臣妾」者，劉炫云：「遺謂意不存録，侮謂忽慢其人，失謂不得其意。小國之臣位卑，或簡其禮，故云『不敢遺』也。鰥寡，人中賤弱，或被人輕侮欺陵，故曰『不敢侮』也。臣妾營事産業，宜須得其心力，故云『不敢失』也。」明王「況公侯伯子男」，諸侯「況士民」，卿大夫「況妻子」者，以王者尊貴，故況列國之貴者；諸侯差卑，故況國中之卑者。以五等皆貴，故況其卑也。大夫或事父母，故況家人之貴者也。

補「案尚書費誓曰」，「誓」誤「詹」，今據閩本、監本、毛本改。

「妻者親之主也」，「親」誤「君」，今據《正誤》改。

「則受其所稟之禄」，「稟」誤「禀」，今據毛本改。

「稱子事父母」，「事」誤「妻」，今據閩本、監本、毛本改。

「蕡稻」，《挍勘記》：「案，《禮記》作『蕡』，諸本从竹，非也。」

「棗栗飴蜜以甘之」，「栗」誤「粟」，《挍勘記》云：「監本、毛本作『果』，亦誤。閩本作『栗』，是也。」今據閩本改。

「故況列國之貴者」，「列」誤「則」，今據閩本、監本、毛本改。

福謂：臣妾之臣，乃卿大夫之家臣。《論語》：「子疾病，子路使門人爲臣。病閒，曰：『久矣哉，由之行詐也！無臣而爲有臣。』」又「原思爲之宰」注：包氏曰：「孔子爲魯司寇，以原憲爲家邑宰。」《史記・世家》云：「孔子由司空爲大司寇。」魯司寇，大夫也，必有采邑。大夫稱家，故以原憲爲家采邑之宰也。《曾子立事》篇曰：「使子猶使臣也。」又曰：「忿怒其臣妾。」此皆謂家臣之臣，且大夫稱家，即是治家者之義也。

夫然，故生則親安之，祭則鬼享之。 [注]夫然者，然上孝理，皆得懽心，則存安其榮，没享其祭。 是以天下和平，災害不生，禍亂不作。 [注]上敬下懽，存安没享，人用和睦，以致太平，則災害、禍亂，無因而起。 故明王之以孝治天下也，如此。 [注]言明王以孝爲理，則諸侯以下化而行之，故致如此福應。

[音義]夫然音符。 則致張利反，從夊，音陟里反，他皆放此。俗作攴，非。 其樂音洛。 自「則致」至「洛」字，本今無。 祭則鬼享許丈反。 災本或作灾，則才反。

[補]「祭則鬼享之」，石臺本「享」作「亨」，《挍勘記》：「案，亨通之『亨』，烹飪之『烹』，獻享之『享』，古多作『亨』。」

「然上孝理，皆得懽心」，本脱「然」字，「孝」誤「好」，閩本、監本、毛本亦作「好」，石臺本、岳本作「然上孝理」，《正義》同，今據此增改。

《釋文校勘記》云〔一〕：「則致，張利反，從夊，音陟里反，他皆放此，俗作攴，非。葉本夊作攵，周氏春云：『《説文》「夊」，山危翻，音衰，又楚危翻，音吹，前後音注互異，「致」字入此部。又案，《説文》「夂」，陟侈翻，「讀若黹」，即《釋文》所云「陟里翻」也，「致」字不入此部。』按，作『夂』是，音『陟里反』則非也。」

「則致其樂」，臧氏按：「《紀孝行章》『養則致其樂』注當引此文，《聖治章》注同。」

疏「夫然」至「如此」〇《正義》曰：此總結天子、諸侯、卿大夫之孝治也。言明王孝治天下，則諸侯以下，各順其教，皆治其國家也。如此各得懽心，親若存則安其孝養，没則享其祭祀，故得和氣降生，感動昭昧。是以普天之下，和睦太平，災害之萌不生，禍亂之端不起，此謂明王之以孝治天下也，能致如此之美。注「夫然者」至「其祭」〇《正義》曰：云「夫然者，然上孝理，皆得懽心」者，此謂明王、諸侯、大夫能行孝治，皆得其懽心也。云「則存

〔一〕「云」上原有「臧氏」二字，據《孝經注疏校勘記》删。

安其榮」者，釋「生則親安之」。云「没享其祭」者，釋「祭則鬼享之」也。㊟「上敬」至「而起」○《正義》曰：此釋「天下和平」，以皆由明王孝治之所致也。皇侃云：「天反時爲災，謂風雨不節；地反物爲妖，妖即害物，謂水旱傷禾稼也。善則逢殃爲禍，臣下反逆爲亂也。」㊟「言明」至「福應」○《正義》曰：云「言明王以孝爲理，則諸侯以下，化而行之」者，案上文有明王、諸侯、大夫三等，而經獨言明王孝治如此者，言由明王之故也。則諸侯以下，奉而行之，而功歸於明王也。云「故致如此福應」者，福謂：天下和平，應謂災害不生，禍亂不作。

補 福謂：《曾子大孝》篇曰：「敬可能也，安爲難。安可能也，久爲難。」孟子曰：「舜盡事親之道，而瞽叟厎豫。」「豫」即此所謂「安」也。「瞽叟厎豫而天下化，瞽叟厎豫，而天下之爲父子者定，此之謂大孝。」即此明王以孝治天下之道也。

郝氏懿行《爾雅義疏》云：「《廣雅》云：『享，養也。』《祭統》云：『祭者，所以追養繼孝也。』蓋緣孝子之心，畜養無已，故於祭祀追而繼之。《謚法》云：『協時肇享曰孝。』正與《爾雅》義合〔一〕。」王符《潛夫論·正列》篇：「《孝經》云：『夫然，故生則親安之，祭則鬼享

〔一〕「合」上原有「疏」字，據《爾雅義疏》删。

之。』由此觀之，德義無違，神乃享；鬼神受享，福祚乃隆。故《詩》云：『降福穰穰，降福簡簡，威儀反反，既醉既飽，福禄來反。』此言人德義茂美，神歆享醉飽，乃反報之以福也。」《曾子本孝》篇曰：「故孝子之於親也，生則有義以輔之，死則哀以莅焉，祭則莅之以敬。」此皆「生則親安之，祭則鬼享之」之義也。

《論語》曰：「其爲人也孝弟，而好犯上者，鮮矣；不好犯上而好作亂者，未之有也。」此即《孝經》維持封建之義也。

家大人云：「『生則親』句，『安之』句，『祭則鬼』句，『享之』句，此言生則親也，子則以親禮安之；死則鬼也，子則以鬼禮享之。非親安于子，鬼享于子也。故《喪親章》復曰：『爲之宗廟，以鬼享之。』語更明矣。」

《説文》：「亯，獻也，从高省，象孰物形。」引《孝經》曰：「祭則鬼亯之。」亯乃篆文，《説文》獨引《孝經》者，必是衛宏《孝經》古文獨如此，故許氏特借古文以明之，不但唐注誤，或漢人之注已有誤者，似《潛夫論》，已昧于《説文》之古讀法矣。

《詩》云：「有覺德行，四國順之。」 注 覺，大也。義取天子有大德行，則四方之國順而行之。

音義 詩云此《大雅・蕩之什・抑》篇語。 有覺音角，大也。 德行下孟反，注同。

疏「《詩》云」至「順之」○《正義》曰：夫子説昔明王孝治之義畢，乃引《大雅・抑》篇贊美之也。言天子身有至大德行，使四方之國，皆順而行之。注「覺大」至「行之」○《正義》曰：云「覺，大也」者，此依鄭注也。故《詩箋》云：「有大德行，則天下順從其化。」是以覺爲大也。云「義取天子有大德行，則四方之國，順而行之」者，言引《詩》之大意如此也。

補「贊美之也」，「贊美」誤作「讚或」，今據閩本、監本、毛本改。

福謂：古字「順」「訓」二字每相通借，「順」「訓」皆从川，訓之即順之，順之亦訓之也。是《孝經》之順字，亦兼訓字以爲義。家大人曰：「《抑》詩引『無競維人，四方其訓之。有覺德行，四國順之』，『四國順之』，即是『四國訓之』，與上『四方其訓之』無異。《抑》詩『無競』二句，乃引《詩・烈文》『無競』二句舊文而證釋之也。若曰《烈文》常謂『無競維人，四方其訓之』矣，果有覺德行，必四國訓之也。特變訓書順耳，訓即順也。此詩反覆于訓行之義。其九章曰：『其維哲人，告之話言，順德之行。』此『順』字，亦是『訓』字之通變，與『四國順之』相同也。」

孝經義疏補

揚州阮福

孝經注疏卷五

唐明皇御注　陸德明音義

元行沖疏　宋邢昺校

聖治章

疏《正義》曰：此言曾子聞明王孝治以致和平，因問聖人之德，更有大於孝否。夫子因而説聖人之治，故以名章，次《孝治》之後。

曾子曰：「敢問聖人之德，無以加於孝乎」？注 參聞明王孝理，以致和平。又問聖人德教，更有大於孝不。

子曰：「天地之性人爲貴，注 貴其異於萬物也。人之行莫大於孝，注 孝者德之本也。孝莫大於嚴父，注 萬物資始於乾，人倫資父爲天，故孝行之大，莫過尊嚴其父也。嚴父莫大於配天，則周公其人也。注 謂父爲天，雖無貴賤，然以父配天之禮，始自周公，故曰「其人」也。

【音義】聖從壬正，從王非。　之行下孟反。　則周公周公名旦，文王之子，武王之弟。

【補】「參聞明王孝理」，「聞」誤「問」，今據石臺本改。

【疏】「曾子」至「人也」○《正義》曰：夫子前說孝治，能致災害不生、禍亂不作，是言德行之大也。將言聖德之廣不過於孝，無以發端，故又假曾子之問曰：「聖人之德，更有加於孝乎？」「乎」猶否也。夫子承問而釋之曰：「天地之性人爲貴。」性，生也。言天地之所生，唯人最貴也。人之所行者，莫有大於孝行也。孝行之大者，莫有大於尊嚴其父也。嚴父之大者，莫有大於以父配天而祭也。言以父配天而祭之者，則文王之子，成王之叔父，周公是其人也。㊟「貴其」至「物也」○《正義》曰：此依鄭注也。夫稱貴者，是殊異可重之名。按《禮運》曰：「人者，五行之秀氣也。」《尚書》曰：「惟天地萬物父母，惟人萬物之靈。」是異於萬物也。㊟「萬物」至「父也」○《正義》曰：云「萬物資始於乾」者，《易》云「大哉乾元，萬物資始」是也。云「人倫資父爲天」者，《曲禮》曰：「父之讎弗與共戴天。」鄭玄云：「父者子之天也，殺己之天，與共戴天，非孝子也。」杜預《左氏傳》注曰：「婦人在室則天父，出則天夫。」是人倫資父爲天也。云「故孝行之大，莫過尊嚴其父也」者，尊謂崇也；

嚴，敬也。父即同天，故須尊嚴其父，是孝行之大也。注「謂父」至「人也」○《正義》曰：云「謂父爲天，雖無貴賤」者，此將釋配天之禮，始自周公，故先張此文，言人無限貴賤，皆得謂父爲天也。云「然以父配天之禮，始自周公，故曰其人也」者，但以父配天，徧檢羣經，更無殊説。按《禮記》有虞氏尚德，不郊其祖，夏殷始尊祖於郊，無父配天之禮也。周公大聖而首行之。禮無二尊，既以后稷配郊天，不可又以文王配之。五帝，天之别名也。因享明堂，而以文王配之，是周公嚴父配天之義也。亦所以申文王有尊祖之禮也。經稱「周公其人」，注順經旨，故曰「始自周公」也。

補「杜預左氏傳注曰」，《挍勘記》：「案，『曰』上當有一『注』字。」今據此增。「徧檢羣經」，「羣」作「群」，《挍勘記》云：「當作『羣』。唐玄度云：『俗作「群」。』」

班固《白虎通·聖人》篇曰：「聖人何以言？文王、武王、周公皆聖人。《詩》曰：『文王受命。』非聖不能受命。《易》曰：『湯武革命，順乎天。』湯武與文王比方。《孝經》曰：『則周公其人也。』下言：『夫聖人之德，又何以加於孝乎？』」

福案：《揅經室集·性命古訓》云：「《孝經》言『天地之性』，可見性必命于天也。言『人爲貴』，可見人與物同受天性，惟人有德行，行首於孝，所以爲貴，而物則無之也。所以孟子曰：『仁之於父子也。』『命也，有性焉，君子不謂命也。』」又云：「案『性』字本從心從生，先有『生』字，後造『性』字。商周古人，造此字時，即以諧聲，聲亦意也。然則告子『生之謂性』一言，本不爲誤，故孟子不驟闢之，而先以言問之曰：『生之謂性也，猶白之謂白與？』蓋『生之謂性』一句爲古訓。而告子誤解古訓，竟無人物善惡之分，其意中竟欲以禽獸之生與人之生同論，與《孝經》『人爲貴』之言大悖。是以孟子據其答應之『然』字，而以羽、雪至犬、牛、人之性不同闢之，蓋人性雖有智愚，然皆善者也。所謂『有命焉，君子不謂性也』，孟子非闢其『生之謂性』之古説也。釋氏視人性太過，竟欲歸於寂静；告子視人性不及，幾欲儕於蠢動。惟《詩》《書》、孔、孟之言得其中。」福謂：此論「天地之性人爲貴」之義最明矣。又《性命古訓》曰：「《禮記・中庸》：『天命之謂性，率性之謂道。』按性與命，今分兩事兩字。而《中庸》曰：『天命之謂性。』是命即所以爲性，性即所以爲命，與孟子所説『不謂性』『不謂命』若合符節。子思之學，傳於孟子，一步不失也。」福謂：孔子與曾子言性無異，亦與子思、孟子無異。性命二字，當作一字講，《中庸》首句是也。性命二字互勘講，即孟子「不謂性」「不謂命」是也。故《中庸》曰「天命之謂性」，性即命也，命即性也。「率性」之「率」當訓爲「帥天下以仁」之「帥」，故《詩》「率時農夫」《韓詩》作「帥」，亦是率從。

《左傳》作「帥」；《儀禮·覲》《聘禮》《射禮》，古文「帥」皆作「率」。此蓋謂人之性，即味色聲臭安佚，此人之本性如此。而不帥之以道，則任放無節，故曰：「修道之謂教。」即《孝經》「人爲貴」「天性以孝爲教」之説也。孔、曾、思、孟言性，皆實實在孝、善、仁字上起義，所以家大人闢李翺《復性書》爲禪學也。至于《論語》「性與天道」之性，雖同是命字，但此乃又言天之生人，有壽夭貴賤之别，天之生世代，有治亂之分。孔子於此必知之，性即是天道，故「河不出圖，洛不出書」，則曰：「吾已矣夫。」顏子死，則曰：「天喪予。」西狩獲麟，則曰：「吾道窮矣。」蓋孔子不得其位，不行其道，而知天命，乃作《春秋》。春秋世亂，多不忠不孝之人，上無以教之，下無以效之，故《春秋》之義行，而亂臣賊子懼焉，故曰「志在《春秋》，行在《孝經》」是也。此即是「夫子之文章，可得而聞。夫子之言性與天道，不可得而聞」也。《中庸》云：「非天子，不議禮，不制度，不考文。」「雖有其德，苟無其位，亦不敢作禮樂焉。」此乃子思言孔子不得位也。《中庸》疏引《孝經説》曰：「性者，生之質；命，人所稟受度也。」《大戴記·曾子大孝》曰：「父母全而生之，子全而歸之，可謂孝矣。」盧氏注即引此經。《漢書·董仲舒傳》曰：「人受命于天，固超然異於羣生。入有父子兄弟之親，出有君臣上下之誼，會聚相遇，則有耆老長幼之施。粲然有文以相接，驩然有恩以相愛，此人之所以貴也。生五穀以食之，桑麻以衣之，六畜以養之，服牛乘馬，圈豹檻虎，是其得天之靈，貴于物也，故孔子曰：『天地之性人爲貴。』」

昔者，周公郊祀后稷以配天，注后稷，周之始祖也。郊謂圜丘祀天也。周公攝政，因行郊天之祭，乃尊始祖以配之也。宗祀文王於明堂以配上帝。注明堂，天子布政之宮也。周公因祀五方上帝於明堂，乃尊文王以配之也。是以四海之內，各以其職來祭。注君行嚴配之禮，則德教刑〔一〕於四海。海內諸侯，各修其職，來助祭也。夫聖人之德，又何以加於孝乎？注言無大於孝者。

音義祀音似。后稷上音後。稷，官名。后，社名。弃，周公之始祖也。故異其處昌慮反。辟后稷也音避，本亦作「避」，同。於朝直遥反。越甞，遠國也。重直龍反。譯本亦作「驛」，同音亦。自「故異」字至「音亦」，本今無。夫音符。

補福案：《釋文》：「稷，官名是也。」后稷之稱，自應在封邰之後，若始命稷官之時，

〔一〕「刑」原作「訓」，據道光九年刻本、《孝經注疏》泰定本、十行本改。

安得稱后？《尚書》曰：「汝后稷。」福家藏宋板《列女傳》作「汝居稷」，與今文不同。其實孔穎達《尚書正義》本言「汝居稷官」，與《列女傳》合。是《尚書》云「居稷」，孔疏尚不誤，石經以後，皆誤爲「后稷」矣。

「各以其職來祭」，「職」誤「軄」，今據石臺本、唐石經、宋熙寧石刻、岳本、閩本、監本、毛本改。《校勘記》：「案，《正義》本『來』下有『助』字。《禮記·禮器》正義、《公羊·僖十五年》疏、《後漢書·班彪傳下》注引並作『各以其職來助祭』。據有三書，非同孤證。是經文本有助字，石臺本脱，諸本仍之矣。」臧氏按：「唐注云：『海内諸侯，各修其職，來助祭也。』又『故得萬國之懽心，以事其先王』注云：『皆得懽心，則各以其職來助祭也。』似經本有『助』字，蓋襲用舊本，有『助』字，經之注耳。」福案：「助祭」是也，祭乃周公之事。四海之職，但可言助祭耳。

又案：《史記·封禪書》集解引鄭注曰：「上帝者，天之别名也。神無二主，故異其處，避后稷也。」《南齊書·禮志上》引《孝經鄭注》云：「上帝亦天别名。」《唐書·王仲丘傳》引鄭注《孝經》：「上帝亦天也。神無二主，但異其處，以避后稷。」臧氏按：「《正義》曰：『禮無二尊，既以后稷配郊天，不可又以文王配之。五帝，天之别名也。因享明堂，而以文王配之。』大致本鄭注。」

「越嘗」，此本作「嘗」，今據葉本改。盧氏文弨云：「『越嘗』即『越裳』，又作『越常』。」

疏「昔者」至「孝乎」○《正義》曰：前陳周公以父配天，因言配天之事。自昔武王既崩，成王年幼即位，周公攝政，因行郊天之禮，乃以始祖后稷配天而祀之。因祀五方上帝於明堂之時，乃尊其父文王，以配而享之。尊父祖以配天，崇孝享以致敬，是以四海之内有土之君各以其職貢來助祭也。既明聖治之義，乃總其意而答之，言周公聖人，首爲尊父配天之禮，以極於孝敬之心，則夫聖人之德，又何以加於孝乎？是言無以加也。注「后稷」至「配之」○《正義》曰：云「后稷周之始祖也」者，按《周本紀》云：「后稷名棄，其母有邰氏女，曰姜嫄，爲帝嚳元妃。出野，見巨人跡，心忻然説，欲踐之。踐之而身動如孕者，居期而生子。以爲不祥，棄之隘巷。馬牛過者，皆辟不踐。徙置之林中，適會山林多人。遷之而棄渠中冰上，飛鳥以其翼覆薦之。姜嫄以爲神，遂收養長之。初欲棄之，因名曰棄。棄爲兒時，好種樹麻菽。及爲成人，遂好耕農。帝堯舉爲農師，天下得其利，有功。帝舜曰：『棄，黎民祖饑，爾后稷播時百穀。』封棄於邰，號曰后稷。」后稷曾孫公劉，復修其業。自后稷至王季十五世而生文王，受命作周。按《毛詩·大雅·生民》之序曰「生民，尊祖也。后稷生於姜嫄，文、武之功，起於后稷，故推以配天焉」是也。云「郊謂圜丘祀天也」者，此孔傳文。祀，祭也。祭天謂之郊。《周禮・大司樂》云：「凡樂，圜鐘爲宮，黄鐘爲角，太簇爲徵，姑洗爲羽，靁鼓靁鼗，孤竹之管，雲和之琴瑟，《雲門》之舞。冬日至，於地上之圜丘奏之。若樂六變，則天神皆降，可得而禮矣。」《郊特牲》曰：「郊之祭也，迎長日之至也，大報天而主日也。兆於南郊，就陽位也。」又曰：「郊之祭也，大報本反始也。」言以冬至之後，日漸長，郊祭而迎之，是建子之月，則與經俱郊祀於天，明圜丘南郊也。云「周公攝政，因行郊天之祭，乃尊始祖，以配之也」者，按《文王世子》稱：仲尼曰：「昔者周公攝政，踐阼而治，抗世子法於伯禽，所以善成王也。」則郊祀是周公攝政之時也。《公羊傳》曰：「郊則曷爲必祭稷？王者必以其祖配。王者則曷爲必以其祖配？自内出者，無匹不行。自外至者，無主不止。」言祭天，則天神爲客，是外至也。須人爲主，天神乃止，故尊始祖以配天神，侑坐而食之。按《左氏傳》曰：「凡祀，啓蟄而郊。」又云：「郊祀后稷，以祈農事也。」而鄭注《禮・郊特牲》乃引《易説》曰：「三王之郊，一用夏正。夏正，建寅之月也。此言迎長日者，建卯而晝夜分，分而日長也。」然則春分而長短分矣，此則迎在未分之前。「至」謂春分之日也。夫至者，是長短之極也。明分者，晝夜均也。分是四時之中。啓蟄在建寅之月，過至而未及分，必於夜短方爲日長，則《左氏傳》不應言啓蟄也。若以日長有漸，郊可預迎，則其初長宜在極短之日，故知《傳》啓蟄之郊，是祈農之祭也。《周禮》冬至之郊，是迎長日，報本反始之祭也。鄭玄以《祭法》有「周人禘嚳」之文，遂變郊爲祀感生之帝，謂東方青帝靈威仰，周爲木德，威仰木帝，以后稷配蒼龍精也。韋昭所注，亦符此說。惟魏太常王肅，獨著論以駁之曰：「按《爾雅》曰：『祭天曰燔柴，祭地曰瘞薶。』又曰：『禘，大祭也。』謂五年一大祭之名。又《祭法》祖有功、宗有德，皆在宗廟，本非郊配。若依鄭說，以帝嚳配祭圜丘，是天之最尊也。周之尊帝嚳不若后稷，今配青帝，乃非最尊，實乖嚴父之義也。且偏窺經籍，竝無以帝嚳配天之文。若帝嚳配天，則經應云禘嚳於圜丘以配天，不應云『郊祀后稷』也。天一而已，故以所在祭，在郊則謂爲圜丘，言於郊爲壇，以象天圜。圜丘即郊也，郊即圜丘也。」其時中郎馬昭抗章固執，當時勑博士張融質之。融稱：「漢世英儒，自董仲舒、劉向、馬融之倫，皆斥周人之祀昊天於郊以后稷配，無如玄説配蒼帝也。然則《周禮》『圜丘』則《孝經》之『郊』，聖人因尊事天，因卑事地，安能復得祀帝嚳於圜丘，配后稷於蒼帝之禮乎？且在《周頌》『思文后稷，克配彼天』，又『昊天有成命，郊祀天地也』，則郊非蒼帝。通儒同辭，肅説爲長。」伏以孝爲人行之本，祀爲國事之大。孔聖垂文，固非臆説；前儒詮證，各擅一家。自頃修撰，備經斟覆，究理則依王肅爲長，從衆則鄭義已久。王義具《聖證》之論，鄭義具於《三禮義宗》。王、鄭是非，於《禮記》其義尤多，卒難詳縷説。此畧據機要，且舉二端焉。㊟「明堂」至「之也」○《正義》曰：云「明堂天子布政之宫也」者，按《禮記·明堂位》：「昔者，周公朝諸侯於明堂之位，天子負斧依南鄉而立。」「明堂也者，明諸侯之尊卑也。」「制禮作樂，頒度量而天下大服。」知明堂是布政之宫也。云「周公因祀五方上帝於明堂，乃尊文王以配之也」者，「五方上帝」即是上帝也。謂以文王配五方上帝之神，侑坐而食也。按鄭注《論語》云：「皇皇后帝，竝謂太微五帝。在天爲上帝，分主五方爲五帝。」舊説明堂在國之南，去王城七里，以近爲媟。南郊去王城五十里，以遠爲嚴。五帝卑於昊天，所以於郊祀昊天，於明堂祀上帝也。其以后稷配郊，以文王配明堂，義見於上也。五帝謂東方青帝靈威仰、南方赤帝赤熛怒、西方白帝白招拒、北方黑帝汁光紀、中央黄帝含樞紐。鄭玄云：「明堂居國之南，南是明陽之地，故曰『明堂』。」按《史記》云：「黄帝接萬靈於明庭。」「明庭」即「明堂」也。明堂起於黄帝。《周禮·考工記》曰：「夏后曰世室，殷人重屋，周人明堂。」先儒舊説，其制不同。按《大戴禮》云：「明堂凡九室，一室而有四户八牖，三十六户七十二牖，以茅蓋屋，上圓下方。」鄭玄據

《援神契》云：「明堂上圜下方，八牖四闥。」《考工記》曰：「明堂五室。」稱九室者，或云取象陽數也。八牖者，陰數也，取象八風也。三十六户，取象六甲子之爻，六六三十六也。上圜象天，下方法地。八牖者，象八節也。四闥者，象四方也。稱五室者，取象五行。皆無明文也，以意釋之耳。此言宗祀於明堂，謂九月大享靈威仰等五帝，以文王配之。即《月令》云：「季秋大享帝。」注云：「偏祭五帝。」以其上言「舉五穀之要，藏帝籍之收於神倉」，九月西方成事，終而報功也。注「君行」至「祭也」○《正義》曰：云「君行嚴配之禮」者，此謂宗祀文王於明堂以配天是也。云「則德教刑於四海，海内諸侯，各修其職來助祭也」者，謂四海之内六服諸侯各修其職，貢方物也。按《周禮・大行人》：「以九儀辨諸侯之命，廟中將幣三享。」又曰侯服「貢祀物」，鄭云：「犧牲之屬。」甸服「貢嬪物」，注云：「絲枲也。」男服「貢器物」，注云：「尊彝之屬也。」采服「貢服物」，注云：「玄纁絺纊也。」衛服「貢材物」，注云：「八材也。」要服「貢貨物」，注云：「龜貝也。」此是六服「諸侯，各修其職來助祭」。又若《尚書・武成》篇云：「丁未，祀于周廟，邦甸侯衛，駿奔走，執豆籩。」亦是助祭之義也。

補「成王年幼」，「幼」作「幻」，今據毛本改。

「云后稷周之始祖也者」，「周」字下本有「公」字，今據《挍勘記》云「『公』字衍文」，刪。

「馬牛過者」，「馬」誤「焉」，今據閩本、監本、毛本改。

「冰上飛鳥以其翼覆鷹之」，「冰」誤「水」，今據監本、毛本、閩本改。《挍勘記》云：「監本『鷹』作『藉』，《史記·本紀》『鷹』作『薦〔一〕』。」

「黎民祖饑」，「祖」誤「阻」。《挍勘記》：「案，《史記·周本紀》『阻饑』作『始飢』。段氏玉裁《尚書撰異》云：『《今文尚書》作「祖飢」，其證有五：《五帝本紀》曰「黎民始飢」，一也。《漢書·食貨志》曰「舜命后稷，以黎民祖饑」，二也。孟康注《漢書》曰「祖，始也，古之言阻」，三也。徐廣《史記音義》曰「《今文尚書》作『祖飢』。祖，始也」，四也。《毛詩釋文》曰「馬融注《尚書》作『祖』，云始也」，五也。』」今據《挍勘記》及《尚書撰異》改。

「圖鐘爲官」，「鐘」誤「鍾」，今據毛本、監本改。《挍勘記》引《五經文字》云：「『鐘，樂器。鍾，量名。今經典或通用「鍾」爲樂器。』案，《開成石經》凡樂器之『鐘』皆作『鍾』。」

「周公攝政，踐阼而治」，「阼」誤「祚」，今據監本、毛本改。

「無匹不行」，「匹」誤「主」，《挍勘記》：「案，《公羊傳》作『匹』。」今據此改。

〔一〕「薦」原作「鷹」，據道光九年刻本、《史記》改。

「威仰木帝」，下脱去「以后稷配蒼龍精也。 韋昭所注亦符此説，惟魏太常王肅，獨著論」廿五字，今據《儀禮經傳通解續》增。

「王義具聖證之論，鄭義具於三禮義宗」，兩「具」字皆誤爲「其」，今據《校勘記》案語改。

「於禮記其義尤多」，「尤」誤「文」，今據盧氏弨弓校本改。

「按禮記明堂位，昔者周公」，誤爲「按禮記明其二端，注明堂」，今據《正〔一〕誤》改。

「鄭玄云」，「玄」誤「炫」，今據《校勘記》案語改。

「夏后曰世室」，「曰」誤「氏」，今據《校勘記》案語改。

「以茅蓋屋」，「蓋」作「盖」，今據閩本、監本、毛本改。《校勘記》云：「《五經文字》：『又公害翻，並見艹部。 艹音草。』明皇御注《孝經》石臺亦作『蓋』，今或相承作『盖』者，乃從行書訛俗，不可施於經典。 今《孝經》作『蓋』。」福案：當作「蓋」。《説文》「蓋」，从艹从盍也。

「八牖者，象八節也」，「象」誤「即」，今據《正誤》改。

「九月西方成」，「九」誤「六」，今據《校勘記》案語改。

〔一〕「正」原作「王」，據道光九年刻本改。

「執豆籩」，「豆」誤「笠」，今據閩本、監本、毛本改。且「豆邊」二字倒置，今據《挍勘記》案語易正。

福案：此注疏於《孝經》「郊祀」「宗祀」之禮，皆無發明，惟家大人曰：「《孝經・聖治章》之大義，有二端：一則孔子以孝祀屬周公其人，專謂洛邑，不屬成王也。一則『宗祀』之『宗』，見于《召誥》《洛誥》《多士》也，乃讀者忽之不察，并《清廟》《維清》《小毖》，亦不得其解矣。蓋周初滅紂之後，武王歸鎬，夷、齊既死，殷士未服者多，戰要囚之，未能和睦無怨，不獨武庚之叛也。此時鎬京，尚未以后稷配天，以文王配上帝也。各國諸侯，亦未全往鎬京，侯服于周，故曰『武王末受命』也。末，無也。況成王又幼，有家難哉。於是周公監東國之五年，與召公相謀，就洛營建新邑，洪大誥治，用陟配天之殷禮，祀天與上帝，以后稷、文王配之。后稷、文王爲人心所服，庶幾各諸侯，及商子孫殷士，皆來和會，爲臣助祭多遜，始可定爲紹上帝受天定命也。若使武王、成王在鎬郊祀、宗祀，而諸侯、殷士不全來臣服助祭，即不能定爲易姓受天命也。但成王此時不敢來洛基命定命，於是三月召公先來洛卜宅，十餘日攻位即成，惟位而已，各功工未成也。三月望後，周公來達觀所營之位，知殷民肯來攻位，遂及此時，洪大誥治，勤于見士，即用二牲于郊，以后稷配天，且祭社矣。《召誥》之『用牲于郊』，即《孝經》之郊祀配天也，於是始定爲周基受天命矣。計自二月至夏，皆功于新洛邑明堂各工，然明堂功雖將成，尚未及配天基命之後，行宗祀之禮。於是周公伻告成王，成王即命周公行宗禮。《洛誥》之『宗禮』，即《孝經》宗祀文王於明堂之禮也。周公宗祀，當在季秋，幸而四海諸侯、殷士，皆來助祭矣。十二月各工各禮迄用有成，上下無怨，人心大定，爲周禎福，而無後患，成王始來洛邑相宅，記功宗之禮，即命以功宗作元祀矣。成王於是時復冬祭文王、武王，但二騂，不祀上帝。又入太室祼，王賓，亦咸格，使人共見無疑。仍即歸鎬，命周公後，于洛守其地，保其民。是成王但烝祭文、武，而未祀于郊與明堂也。此孔子所以舉配天，專屬之周公其人。孔子若謂雖以武王滅商之大武，末能受命，臣我多遜，惟周公以孝祀文王配天，始能定命，臣我宗多遜也。此《孝經》『至德要道』『上下無怨』『四海來祭』之大義也。」福引經證明之：

《尚書・洛誥》曰：「四方迪亂未定，于宗禮亦未克敉，公功迪將其後。」《多方》曰：「爾乃迪屢〔二〕不静。」「我惟時其教告之，我惟時其戰要囚之，至于再，至于三。」《洛誥》曰：

〔二〕「迪屢」二字原倒，據《揅經室集》《尚書注疏》乙。

「亦識其有不享。」福案：此諸侯尚未盡服，殷士民亦屢叛，民未和睦，上下有怨，未行配天之禮之事也。家大人曰：「王氏引之讀『四方迪亂未定』句，『于宗禮亦未克敉』句，『公功迪將其後』句，孫氏星衍《尚書疏》及之，而《經義述聞》不存此條者，自因《説文》引《書》『亦未克敉公功』爲句，未敢破之也。但『宗禮』即『宗祀』，漢人未發此義，故許讀師傳如此，其實王讀是也。此處第一『未』字，指『四方亂定』；第二『未』字，指『克敉宗禮』。明是兩事，故以『亦』字夾於其間。『公功迪將其後』，即『克敉宗禮』也，漢讀未可墨守也。若以『公功』屬上，則於『宗禮』外，又有『公功』，似非經意矣。」

《召誥》曰：「惟太保先周公相宅，越若來，三月惟丙午，朏。越三日戊申，太保朝至于洛，卜宅。厥既得卜，則經營。越三日庚戌[一]，太保乃以庶殷攻位于洛汭。越五日甲寅，位成。」福案：此召公先來成位，庶殷肯來攻位。伏生《尚書大傳》：「周公營洛，以觀天下之心，於是四方諸侯，率其羣黨，各攻位於其庭。周公曰：『示之以力役，且猶至，況導之以禮樂乎？』然後敢作禮樂。」即其事也。

[一]「戌」原作「戍」，據道光九年刻本改。

《召誥》曰：「若翼日乙卯，周公朝至于洛，則達觀于新邑營。越三日丁巳，用牲于郊，牛二。越翼日戊午，乃社于新邑，牛一，羊一，豕一。」《詩·思文》曰：「思文后稷，克配彼天。」福案：此乃周公來祭天，以后稷配天之事也。牛二，天與后稷二牲也。《洛誥》曰：「王如弗敢及天基命定命，予乃胤保，大相東土，其基作民明辟。」福案：此成王因諸侯、殷士民反側未定，初不敢來洛之事也。「及天基命」者，乘此配天禮成之時，基受天命也。「定命」者，行宗禮定受天命也。

《洛誥》：「今王即命曰：『記功宗，以功作元祀。』惟命曰：『汝受命篤，弼丕視工載，乃汝其悉自教工。』」「王若曰：『惇宗將禮，稱秩元祀。』」福案：此成王命周公行宗祀之禮之事也。曰「功宗」，曰「惇宗將禮」，曰「臣我宗多遜」，曰「于宗禮亦未克敉」，凡此「宗」字，皆明堂之宗祀也，讀者皆不察之。「功」者，「明堂宗祀工之大」者。《詩》「肅肅謝功」「申伯之功」，皆言大工也。用衆急事曰「攻」，「庶民攻之」「攻位洛汭」是也。工力盛大曰「功」，「謝功」「申功」「功宗」「功作元祀」是也。

《詩·清廟》曰：「濟濟多士，秉文之德，對越在天，駿奔走在廟。」《洛誥》曰：「乃單文祖德。」《維清》曰：「維清緝熙，文王之典，肇禋迄用有成，維周之禎。」《小毖》曰：「予其懲而毖後患。」又曰：「未堪家多難。」《我將》曰：「我將我享，維羊維牛，維天其右之。儀式型文王之典，日靖四方，伊嘏文王，既右饗之。」《康誥》曰：「周公初基，作大邑于東國洛，四方民大和會。侯、甸、男邦、采、衛，百工播民和，見士于周，周公咸勤。」《多士》曰：「比事臣我宗多遜。王曰：『告爾殷多士，今朕作大邑于茲洛，予惟四方罔攸賓，亦惟爾多士，攸服奔走，臣我多遜。』」《召誥》曰：「其作大邑，其自時配皇天。」《詩・大雅・文王》共七章五十六句。《禮記・明堂位》全篇。福案：此皆周公在洛明堂行宗禮，諸侯、殷士皆來助祭，以定天命，即《孝經》所謂「四海之內，各以其職來祭」也。大約此時，惟周公申明天之命文王之德，反覆以夏、殷之事誥治之，諸侯、殷士始肯服之，始能成此大禮。《詩》所謂「肇禋迄用有成」者，即「克敉宗禮」，詞氣宛然可見也。否則諸侯、殷士叛服未定，宗祀幾乎不能有成，周家更多難無禎矣。繹《詩》《書》各句，情事可見，故孔子切指周公其人。再繹《詩・文王》七章，則全是在鎬而追言作洛、祭文王于明堂配天之事，其情更見矣。《清廟》之「多士」，即《尚書》之「多士」。《我將》之「將」即「惇宗將禮」之「將」。「肇禋」即「肇稱殷禮初基」也。「清廟」即「明堂」，「維清」即「清廟」也。《多士》曰：「臣我多遜。」又曰：「臣我宗多遜。」明明多一「宗」字，必非閑字。孔傳訓「宗禮」爲「尊禮」，殊空也。

《君奭》曰：「故殷禮陟配天，多歷年所。」《洛誥》曰：「王肇稱殷禮，祀於新邑。」福案：此可見配天之禮，本於殷禮。洛邑新祀，實殷禮也。又家大人云：「《詩·頌》之『肇禋』及此『肇稱』之『肇』，皆當即與『兆』同。兆者，壇之營域，即洛郊攻營之位，不當專訓爲始。猶『訪落』之『落』，即『洛誥』之『洛』，加『艸』爲『落』，从『洛』起義，義不專於始也。《周禮·小宗伯》曰：『兆五帝于四郊。』《詩·生民》曰：『以歸肇祀。』箋云：『肇，郊之神位。』『于郊祀天。』《詩》又曰：『后稷肇祀。』箋亦云『郊祀』。箋蓋以《禮記·表記》作『后稷兆祀』爲據也。《書》『肇稱殷禮』，亦言在洛郊爲兆位舉行殷禮，此時周公未行周禮。故但曰『牛二』，蓋二牛皆白。《禮記·明堂位》《詩·魯頌》『白牡』，即皆守殷禮之遺也。《洛誥》後曰：『文王騂牛一，武王騂牛一。』前郊不言騂，是白牡明矣。」

《禮記·中庸》曰：「武王末受命，周公成文、武之德，追王太王、王季，上祀先公以天子之禮。」「武王、周公其達孝矣乎。夫孝者，善繼人之志，善述人之事者也。」《召誥》曰：「王來紹上帝，自服于土中，受天永命。」福案：據此，可見鎬京武王未行配天配上帝之祀，與《孝經》相合。不然，何以孔子必曰「則周公其人」？學者習讀僞《武成》，而不計當年受命之難也。《尚書·大誥》序曰：「周公相成王，將黜殷。」《微子之命》序曰：「成王既黜殷命。」是殷命之黜，在成王、周公之時。殷命未黜，周未能言「受天永命」也。

《禮記・月令》曰：「季秋大享帝。」福案：此當是周公初祀明堂之月也。

《多方》曰：「今爾奔走，臣我監五祀。」《洛誥》曰：「公功迪將其後，監我士師工。」福案：《周書》「奔走臣我」凡三見，此「監」字亦非閑字。家大人云：「《文王世子》稱『周公居攝』，《尚書》無『攝』字，而有『監』字，『監』即『監國』之義。後儒于此，畧不省之，不知成王命周公監東國洛見于《洛誥》，即《多方》之『臣我監五祀』也。『監五祀』即周公居攝之五年也。『臣我監』即臣我周公也。鄭康成《書注》：『戊午蔀，五十五年甲申，爲周公居攝五年，作《召誥》。』劉歆《三統曆》謂作《召誥》在居攝七年，此不知《尚書》『監五祀』經文中本有明文。鄭氏康成深明曆算，定爲五年，推算《召誥》，各[一]月日悉合，然亦未知『監五祀』即『居攝五年』，此誠漢以來未發之義也。」

《洛誥》曰：「孺子來相宅。」「戊辰，王在新邑，烝，祭歲，文王騂牛一，武王騂牛一。王命作册，逸祝册，惟告周公其後。王賓殺禋咸格，王入太室祼。」「王曰：『公，予小子其退，

[一]「各」原作「名」，據道光九年刻本改。

即辟于周，命公後。』」「王曰：『公定，予往已。』」「王命周公後，作册逸誥。在十有二月。惟周公誕保文、武受命，惟七年。」福案：此成王冬始來洛之證。此時城内廟成，行冬烝祭禮，祭畢仍歸鎬，命周公後保洛也。以上證明，家大人説《孝經》之「郊祀」即《召誥》之「用牲于郊」，《孝經》之「宗祀」即《洛誥》之「宗禮功宗」也。又家大人《宗禮餘説》曰：「『宗』之爲字也，乃屋下祭天帝，故从宀从示。倉頡造字之始，指事、會意已定矣。所謂『宗』，尊也，特其聲義耳。《虞書》曰：『至于岱宗。』『岱』當絶句，『宗』絶句，『柴』絶句，此唐虞以前，泰山下本亦有明堂，明堂祭禮本名曰『宗』之始也。《虞書》曰『肆類于上帝』，即郊也。『禋于六宗』，即宗禮也。宗禮以配帝、配五帝，故曰六，非宗禮外别有六宗也。若以『至于岱宗』爲句，則『至于南岳』，曷不曰『如岱宗禮』，而衹曰『如岱禮』？明『宗』字單讀也。《月令》曰：『祈年天宗。』《周書·世俘解》曰：『憲告天宗。』此『天宗』皆指明堂，『宗』乃實字，若空訓爲『尊』，則天尊爲不辭矣。」又家大人《明堂圖説》：如循説命匠，以尺抵丈，則可成縮樣。又蔡邕《明堂論》引魏文侯《孝經傳》曰：「『太學者，中學明堂之位也。』《禮記·古大明堂之禮》曰：『膳夫是相。禮日中出南闈，見九侯，反問於相。日側出西闈，視五國之事。日入出北闈，視帝節猷。』《爾雅》曰：『宫中之門謂之闈。』王居明堂之禮，又别陰陽門。東南稱門，西北稱闈。故《周官》有門闈之學，師氏教以三德守王門，保氏教以六藝守王闈。然則師氏居東門南門，保氏居西門北門也。知掌教國子，與《易傳》《保傅》王居明堂之禮參相發明，爲學四焉。《文王世子》篇曰：『凡大合樂，則遂養老。天子至〔一〕，乃命有司行事，興秩節，祭先師、先聖焉。始之養也，適東序，釋奠於先老，遂設三老、五更之席位。』言教學始之於養老，由東方歲始也。又：『春夏學干戈，秋冬學羽籥，皆習於東序。』『凡祭與養老、乞言、合語之禮，皆小學正詔之於東序。』又曰：『大司成論説在東序。』然則詔學皆在東序。東序，東之堂也，學者聚焉，故稱『詔太學』。『仲夏之月，令祀百辟卿士之有德於民者。』《禮記·太學志》曰：『禮，士大夫學於聖人、善人，祭於明堂，其無位者，祭於太學。』《禮記·昭穆》篇曰：『祀先賢於西學，所以教諸侯之德也。』即所以顯行國禮之處也。太學，明堂之東序也，皆在明堂辟廱之内。《月令記》曰：『明堂者，所以明天氣、統萬物。明堂上通於天象日辰，故下十二宫象日辰也。水環四周，言王者動作法天地，德廣及四海，方此水也。』《禮記·盛德》篇曰：『明堂九室，以茅蓋屋，上圓下方，此水名曰「辟

〔一〕「至」原作「王」，據《禮記·文王世子》改。

廱」。』《王制》曰：『天子出征，執有罪反，釋奠於學，以訊馘告。』《樂記》曰：『武王伐殷，薦俘馘於京太室。』《詩·魯頌》云：『矯矯虎臣，在泮獻馘。』京，鎬京也。太室，辟廱之中明堂太室也。與諸侯泮宮，俱獻馘焉，即《王制》所謂『以訊馘告』者也。《禮記》曰：『祀乎明堂，所以教諸侯之孝也。』《孝經》曰：『孝悌之至，通於神明，光於四海，無所不通。』《詩》云：『自西自東，自南自北，無思不服。』言行孝者，則曰明堂。行悌者，則曰太學。故《孝經》合以爲一義，而稱鎬京之詩以明之。」凡此，皆周人、漢人謂明堂、太室、辟廱、太學事通文合之古禮也。家大人《明堂論》云：「粤惟上古，水土荒沈。橧穴猶在，政教朴畧。宮室未興，神農氏作，始爲帝宮。上圜下方，重蓋以茅，外環以水，足以禦寒暑、待風雨，實惟明堂之始。明堂者，天子所居之初名也。是故祀上帝則于是，祭先祖則于是，朝諸侯則于是，養老尊賢、教國子則于是，饗射獻俘馘則于是，治天文告朔則于是，抑且天子寢食恒于是，此古之明堂也。黄帝、堯、舜氏，作宮室乃備，洎夏、商、周三代，文治益隆。于是天子所居，在邦畿王城之中，三門三朝，後曰路寢，四時不遷。路寢之制，準郊外明堂四方之一，鄉南而治，故路寢猶襲古號曰明堂。若夫祭昊天上帝則有圜丘，祭祖考則有應門内左之宗廟，朝諸侯則有朝廷，養老尊賢、教國子、獻俘馘，則有辟廱學校。其地既分，其禮益備，故城中無明堂也。然而聖人事必師古，禮不忘本，于近郊東南，别建明堂，以存古制。藏古帝治法册典于此，或祀五帝，布時令，朝四方諸侯，非常典禮，乃于此行之，以繼古帝王之迹。譬之上古，衣裳未成，始有韍皮，椎輪初制，惟尚越席。後世聖人，采備繪繡，無廢赤芾之垂；車成金玉，不增大輅之飾。此後世之明堂也。自漢以來，儒者惟蔡邕、盧植，實知異名同地之制，尚昧上古、中古之分。後之儒者，執其一端，以蔽衆説，分合無定，制度鮮通，蓋未能融洽經傳，參驗古今，二千年來，遂成絶學。試執吾言以求之，經史百家，有相合無相戾者。」

福謂：《洛誥》曰：「承保乃文祖受命，民乃單文祖德。」鄭康成《書注》謂虞文祖即周明堂。然則舜受終之文祖，即周公之明堂也。蓋居攝五年，作《洛誥》時，尚沿古文祖之名，至六年制禮後，始立明堂之名。「明堂」二字，始周公也。《曲禮疏》引《孝經説》云：「后稷爲天地之主，文王爲五帝之宗。」

故親生之膝下，以養父母日嚴。注親，猶愛也。膝下，謂孩幼之時也。言親愛之心，生於孩幼，比及年長，漸識義方，則日加尊嚴，能致敬於父母也。聖人因嚴以教敬，因親以教愛。注聖人因其親嚴之心，敦以愛敬之教。故出以就傅，趨而過庭，以教敬也；抑搔癢痛，縣衾篋枕，以教愛也。聖人之教，不肅而成，其政不嚴而治。注聖人順羣心以行愛敬，制禮則以施政教，亦不待嚴肅而成理也。其所因者本也。注本，謂孝也。

音義膝辛七反，從木入水，桼音七正。以養羊尚反。父母日嚴人實反，注同。日者實也，日日行孝，故無闕也，象日。致其樂音洛，下樂同。親近附近之近。於母自「致其樂」至「於母」，本今無。其政不嚴而治直吏反。不令力正反。而行自「不令」至「而行」，本今無。

補「故親生之膝下」，「膝」誤作「膝」，今據石臺本、唐石經、宋熙寧石刻、岳本、監本改。「縣衾篋枕」，「縣」作「懸」，「篋」作「莢」，石臺本亦作「懸莢」，岳本作「縣」，今據岳本改。《挍勘記》：「案，當作『縣』。隸書从『竹』字，往往作『艹』，如『制節謹度』之『節』，石臺本作『莭』。此『篋』字亦隸體也。」

「故親生之膝下，以養父母日嚴」，臧氏按：「經『親』『嚴』對文，讀當『故親生之膝下』句，『以養』逗，『父母日嚴』句，『以養』與『生之』相對。養，長也。」

「致其樂親近於母」，《正義》曰：「舊注取《士章》之義，而分愛、敬父、母之别。」臧氏按：「舊注與《釋文》合，知即鄭解也。《士章》『資於事父以事母，而愛同。資於事父以事君，而敬同』，此注蓋言親愛近於母，嚴敬近於父。」

【疏】「故親」至「本也」○《正義》曰：此更廣陳嚴父之由，言人倫正性，必在蒙幼之年，教之則明，不教則昧。言親愛之心生，在其孩幼膝下之時，於是父母則教示。比及年長，漸識義方，則日加尊嚴，能致敬於父母，故云「以養父母日嚴」也。是以聖人因其日嚴，而教之以敬；因其知親，而教之以愛。故聖人因之以施政教，不待嚴肅，自然成治也。然其所因者，在於孝也，言本皆因於孝道也。㊟「親猶」至「母也」○《正義》曰：云「親猶愛也」者，嫌以親爲父母，故云「親猶愛也」。云「膝下謂孩幼之時也」者，按《内則》云：「子生三月，妻以子見於父，父執子之右手，孩而名之。」按《説文》云：「孩，小兒笑也。」謂指其頤下，令之笑而爲之名，故知「膝下」謂孩幼之時也。云「親愛之心，生於孩幼之時也」者，言孩幼之時，已有親愛父母之心生也。云「比及年長，漸識義方，則日加尊嚴，能致敬於父母也」者，《春秋左氏傳》：「石碏曰：『臣聞愛子教之以義方。』」方，猶道也，謂教以仁義合宜之道也。其教之者，按《禮記·内則》：「子能食食，教以右手。能言，男唯女俞。男鞶革，女盤絲。六年，教之數與方名。七年，男女不同席，不共食。八年，出入門户，及即席飲食，必後長者，始教之讓。九年，教之數日。」又《曲禮》云：「幼子常視無誑，立必正方，不傾聽。與之提攜，則兩手捧長者之手。負劍辟咡詔之，則掩口而對。」《注》約彼文爲説，故曰「日加尊嚴」，言子幼而誨，及長則能致敬其親也。㊟「聖人」至「愛也」○《正義》曰：父子之道，簡易則慈孝不接，狎則怠慢生焉。故「聖人因其親嚴之心，敦以愛敬之教」也。云「出以就傅」者，按《禮記·内則》云：「十年出就外傅，居宿於外，學書記。」鄭云：「外傅，教[一]學之師也。謂年十歲，出就外傅，居宿於外，就師而學也。」按「十年出就外傅」，指命士已上，今此引之，則尊卑皆然也。云「趨而過庭，以教敬也」者，言父之與子，於禮不得常同居處也。按《論語》云：「陳亢問於伯魚曰：『子亦有異聞乎？』對曰：『未也。嘗獨立，鯉趨而過庭，曰：「學《詩》乎？」對曰：「未也。」「不學《詩》，無以言。」鯉退而學《詩》。他日又獨立，鯉趨而過庭，曰：「學禮乎？」對曰：「未也。」「不學禮，無以立。」鯉退而學禮。聞斯二者。』陳亢退而喜曰：『問一得三，聞詩、聞禮，又聞君子之遠其子也。』」故《注》約彼

〔一〕「教」原作「就」，據《孝經注疏》泰定本、十行本、《周禮》改。

文以爲說也。云「抑搔癢痛，縣衾篋枕，以教愛也」者，此竝約《内則》文。按《内則》云：「以適父母舅姑之所。及所，下氣怡聲，問衣燠寒，疾痛苛癢，而敬抑搔之。」「父母舅姑將坐，奉席請何鄉。將衽，長者奉席請何趾，少者執牀與坐，御者舉几，斂席與簟，縣衾篋枕，斂簟而襡之。」鄭注云：「須臥乃敷之也。襡，韜也。」是父母未寢，故衾被則縣，枕則置篋中，言子有近父母之道，所以教其愛也。夫愛以敬生，敬先於愛，無宜待教。而此言教敬愛者，《禮記·樂記》曰：「樂者爲同，禮者爲異。同則相親，異則相敬。」「樂勝則流」，是愛深而敬薄也。「禮勝則離」，是嚴多而愛殺也。不教敬則不嚴，不教親則忘愛，此所以先敬而後愛也。舊注取《士章》之義，而分愛、敬父、母之別，此其失也。㊟「聖人」至「理也」○《正義》曰：云「聖人順羣心以行愛敬」者，「聖人」謂明王也。聖者，通也。稱明王者，言在位無不照也。稱聖人者，言用心無不通也。「順羣心」者，則首章以「順天下」是也。「以行愛敬」者，則天子能愛親敬親者是也。云「制禮則以施政教」者，則德教加於百姓是也。云「亦不待嚴肅而成理也」者，蓋言王化順此而行也。言「亦」者，《三才章》已有成理之言，故云「亦」也。㊟「本謂」至「孝也」○《正義》曰：此依鄭注也。首章云：「夫孝德之本也。」《制旨》曰：「夫人倫正性，在蒙幼之中，導之斯通，壅之斯蔽。故先王慎其所養，於是乎有胎中之教，膝下之訓。感之以惠和，而曰親焉。期之以恭順，而日嚴焉。夫親也者，緣乎正性，而達人情者也。故因其親嚴之心，教以愛敬之範，則不嚴而治，不肅而成。」謂其本於先祖也。

補「孩，小兒笑也」，《挍勘記》：「案，《説文》云：『孩』作『咳』。又云：古文『咳』从子。閩本、監本、毛本，『笑』作『笑』。《一切經音義》引《字林》云：『笑，喜也。字从竹、从犬，犬聲〔一〕。竹爲樂器。』《五經文字》云：『从竹下犬。』非是。案，《説文》口部、欠部、女部，皆作『笑』。」今據此改。

「子能食食」，上「食」字，誤作「飲」，《挍勘記》：「案，『飲』當作『食』，讀如字。下『食』字，音嗣。或疑與下『食』字重，遂改爲『飲』。」今據此改。

「男唯女俞」，「唯」誤「隹」，今據閩本、監本、毛本改。

「九年教之數日」，「日」誤「目」，今據監本、毛本改。

「云出以就傅者」，「就」誤「外」，今據監本、毛本改。

〔一〕「從犬犬聲」，二「犬」字原作「夭」，據道光九年刻本、阮元《孝經注疏校勘記》、《字林》改。

「鯉趨而過庭」，下脱「曰：『學《詩》乎？』對曰：『未也。』『不學《詩》，無以言。』鯉退而學《詩》。他日又獨立，鯉趨而過庭」廿九字，今據《正誤》增。

「縣衾篋枕」，「衾」誤「食」，今據閩本、監本、毛本改。

「以教愛也者」，「愛」字下多「者」字，《挍勘記》：「案，注無上『者』字，此衍文。」今據此刪。

「疾痛苛癢」，「苛」作「疴」，今據《禮記·内則》改。

「是嚴多而愛殺也」，「愛」誤「成」，今據閩本、監本、毛本改。

「不教親則忘愛」，「教」誤「和」，今據《正誤》改。

「聖人謂明王也」，「王」誤「正」，今據閩本、監本、毛本改。

福案：《太平御覽》六百十卷引《春秋説題辭注》，讀至「以養父母」爲字，然則「日嚴」二句，當別爲一句讀之。

又《論語》：「君子務本，本立而道生。孝弟也者，其爲人之本與！」《曾子本孝》篇曰：「忠者，其孝之本與！」此即「其所因者本也」之「本」字。

父子之道，天性也，君臣之義也。 [注] 父子之道，天性之常。加以尊嚴，又有君臣之義。父母生之，續莫大焉。注 父母生子，傳體相續。人倫之道，莫大於斯。

君親臨之，厚莫重焉。注 謂父爲君，以臨於己。恩義之厚，莫重於斯。

音義 父子之道古文從此已下別爲一章。續音俗，相續也。焉本今作「莫」。大焉復扶又反。何加焉自「復」字至「焉」，本今無。

補《釋文挍勘記》引《漢書・藝文志》作「『續莫大焉』」。臣瓚曰：「《孝經》云『續莫大焉』。」是漢晉舊本亦作『續』焉。『大焉』者，此文疑有脱誤」。

疏「父子」至「重焉」○《正義》曰：此言父子恩愛之情，是天性自然之道。父以尊嚴臨子，子以親愛事父。尊卑既陳，貴賤斯位，則子之事父，如臣之事君。《易》稱乾元資始，坤元資生。又《論語》曰：「子生三年，然後免於父母之懷。」是父母生己，傳體相續，此爲大焉。言有父之尊，同君之敬，恩義之厚，此最爲重也。注「父子」至「之義」○《正義》曰：云「父子之道，天性之常」者，父子之道，自然慈孝，本乎天性，則生愛敬之心，是常道也。云「加以尊嚴，又有君臣之義」者，言父子相親，本於天性，慈孝生於自然。既能尊嚴於親，又有君臣之義，故《易・家人卦》曰：「家人有嚴君焉，父母之謂也。」是謂父母爲「嚴君」也。注「父母」至「於斯」○《正義》曰：按《說文》云：「續，連也。」言子繼於父母，相連不絕也。《易》稱「生生之謂易」，言後生次於前也。此則「傳續」之義也。注「謂父」至「於斯」○《正義》曰：上引《家人》之文，言人子之道，於父母有嚴君之義。此章既陳聖治，則事繫於人君也。按《禮記·文王世子》稱，昔者周公攝政，抗世子法於伯禽，使之與成王居，欲令成王之知父子君臣之義。君之於世子也，親則父也，尊則君也。有父之親，有君之尊，然後兼天下而有之。言既有天性之恩，又有君臣之義，厚重莫過於此也。

補「此言父子恩愛之情」，「愛」誤「親」，今據《正誤》改。

「同君之敬」，誤倒爲「同之君敬」，今據閩本、監本、毛本改。

「君之於世子也」，「世」誤「太」，今據《禮記·文王世子》改。

「然後兼天下而有之」，「之」下多「者」字，今據《文王世子》删。

「厚重莫過於此也」，「莫」誤「其」，今據閩本、監本、毛本改。

福案：《孝經》孔子言「性」，祇此章二「性」字，《喪親章》一「性」字。《論語》孔子言「性」，祇「性相近也」一「性」字。共四字而已。證以《孟子》「仁之於父子也」，其義更爲互明。《性命古訓》最爲明顯，「毁不滅性」「性即是生」，更爲明淺。蓋「性」無奥義，無事繁言空論也。

故不愛其親，而愛他人者，謂之悖德；不敬其親，而敬他人者，謂之悖禮。【注】言盡愛敬之道，然後施教於人。違此則於德禮爲悖也。以順則逆，民無則焉。【注】行教以順人心，今自逆之，則下無所法則也。不在於善，而皆在於凶德。【注】善謂身行愛敬也，凶謂悖其德禮也。雖得之，君子不貴也。【注】言悖其德禮，雖得志於人上，君子之不貴也。

【音義】故不愛其親古文從此已下別爲一章。謂之悖補對反，注下同。德若桀其烈反。紂丈久反。是也

【補】「凶謂悖其德禮也」，「德」誤「得」，今據石臺本、岳本、閩本、監本、毛本改。

【疏】「故不」至「貴也」○《正義》曰：此說愛敬之失，悖於德禮之事也。所謂不愛敬其親者，是君上不能身行愛敬也。而愛他人敬他人者，是教天下行愛敬也。君自不行愛敬，而使天下人行，是爲「悖德」「悖禮」也。唯人君合行政教，以順天下人心。今則自逆不行，翻使天下之人法行於逆道，故人無所法則。斯乃不在於善，而皆在於凶德。在，謂心之所在也。凶，謂凶害於德也。如此之君，雖得志於人上，則古先哲王、聖人君子之所不貴也。

㊟「言盡」至「悖也」〇《正義》曰：云「言盡愛敬之道，然後施教於人」者，此依孔傳也，則《天子章》言「愛敬盡於事親，而德教加於百姓」是也。云「違此則於德禮爲悖也」者，按《禮記·大學》云：「堯舜率天下以仁，而民從之。桀紂率天下以暴，而民從之。其所令反其所好，而民不從。是故君子有諸己，而后求諸人。無諸己，而后非諸人。所藏乎身不恕，而能喻諸人者，未之有也。」是知人君若違此，不盡愛敬之道，而教天下人行愛敬，是悖逆於德禮也。㊟「善謂」至「禮也」〇《正義》曰：云「善謂身行愛敬也」者，謂身行愛敬，乃爲善也。云「凶謂悖其德禮也」者，「悖」猶「逆」也，言逆其德禮則爲凶也。㊟「言悖」至「貴也」〇《正義》曰：云「言悖其德禮」者，此依魏注也。謂人君不行愛敬於其親，鄭注云「悖若桀紂」是也。云「雖得志於人上，君子之不貴也」者，言人君如此，是雖得志居臣人之上，幸免篡逐之禍，亦聖人君子之所不貴，言賤惡之也。

補「是知人君若違此，不盡愛敬之道」，「違」誤「達」，「此」字下脱「不」字，今據閩本、監本、毛本改增。

「云雖得志於人上」，「上」字下多一「者」字，今據《挍勘記》案語删。

「言人君如此」，「人君」誤「君子」，今據《正誤》改。

「亦聖人君子之所不貴」，「亦」誤「言」，今據《正誤》改。

君子則不然。注 不悖於德禮也。言思可道，行思可樂；注 思可道而後言，人必信也。思可樂而後行，人必悦也。德義可尊，作事可法；注 立德行義，不違道正，故可尊也。制作事業，動得物宜，故可法也。容止可觀，進退可度，注 容止，威儀也。必合規矩，則可觀也。進退，動静也。不越禮法，則可度也。以臨其民。是以其民畏而愛之，則而象之。注 君行六事，臨撫其人，則下畏其威，愛其德，皆放象於君也。故能成其德教，而行其政令。注 上正身以率下，下順上而法之，則德教成，政令行也。

音義 言中詩書丁仲反，下同。自「若」字至「下同」，本今無。行思可樂如字，音洛，注同。難進而盡津忍反。中易以豉反。退而補過古臥反。傚户教反。漸也不令力政反，下文並注並同。而伐謂之暴蒲報反。自「難進」至「報反」，本今無。

補 「而行其政令」，「而行」誤「行而」，今據石臺本、唐石經、宋熙寧石刻、岳本、閩本、監本、毛本改正。

「行思可樂」，臧氏：「按《釋文》及上『中』字音，知鄭注此云『行中禮樂，樂如字讀』，『音洛』二字，淺人所加。」

「難進而盡中」之「中」，盧氏文弨云：「『中』，古與『忠』通用。」

疏「君子」至「政令」○《正義》曰：前説爲君而爲悖德禮之事，此言聖人君子則不然也。君子者，須慎其言行、動止、舉措，思可道而後言，思可樂而後行，故德義可以尊崇，作業可以爲法，威容可以觀望，進退皆修禮法。以此六事，君臨其民，則人畏威而親愛之，法則而象效[一]之，故德教以此而成，政令以此而行也。注「不悖於德禮也」○《正義》曰：此依魏注也。言君子舉措皆合德禮，無悖逆也。注「思可」至「悦也」○《正義》曰：言者心之聲也，思者心之慮也，可者事之合也。道謂陳説也，行謂施行也，樂謂使人悦服也。《禮記·中庸》稱，天下至聖「言而民莫不信，行而民莫不説」也。注「立德」至「可法也」○《正義》曰：云「立德行義，不違道正，故可尊也」者，此依孔傳也。劉炫云：「德者得於理也，義者宜於事也。得理在於身，宜事見於外。」謂理得事宜，行道守正，故能爲人所尊也。云

〔一〕「效」原作「教」，據道光九年刻本、《孝經注疏》泰定本、十行本改。

「制作事業，動得物宜，故可法也」者，「作」謂造立也，「事」謂施爲也。《易》曰：「舉而措之天下之民，謂之事業。」言能作衆物之端，爲器用之式，造立於己，成式於物，物得其宜，故能使人法象也。㊟「容止」至「度也」〇《正義》曰：云「容止威儀也，必合規矩，則可觀也」者，此依孔傳也。「容止」謂禮容所止也，《漢書・儒林傳》云「魯徐生善爲容，以容爲禮官大夫」是也。「威儀」即儀禮也，《中庸》云「威儀三千」是也。《春秋左氏傳》曰：「有威而可畏謂之威，有儀而可象謂之儀。」言君子有此容止威儀，能合規矩。按《禮記・玉藻》云：「周還中規，折還中矩。」鄭云：「反行也，宜圜。曲行也，宜方。」是「合規矩」，故「可觀」。云「進退，動靜也」者，進則動也，退則靜也。按《易・乾卦・文言》曰：「進退無常，非離羣也。」又《艮卦・象》曰：「時止則止，時行則行。動靜不失其時，其道光明。」是進退則動靜也。云「不越禮法則可度也」者，動靜不乖越禮法，故可度也。㊟「君行」至「君也」〇《正義》曰：云「君行六事，臨撫其人」者，言君施行六事，以臨撫其下人。「六事」，即「可度」已上之事有六也。云「則下畏其威，愛其德，皆放象於君也」者，按《左傳》北宫文子對衛侯說威儀之事，稱：「有威而可畏謂之威，有儀而可象謂之儀。君有君之威儀，其臣畏而愛之，則而象之。」又因引「《周書》數文王之德曰：『大國畏其力，小國懷其德。』」言『畏而愛之』

也。《詩》云：『不識不知，順帝之則。』言『則而象之』也」。又云：「君子在位可畏，施舍可愛，進退可度，周旋可則，容止可觀，作事可法，德行可象，聲氣可樂，動作有文，言語有章，以臨其下，謂之有威儀也。」據此，與經雖稍殊別，大抵皆敘君之威儀也。故經引《詩》云「其儀不忒」，其義同也。㊟「上正」至「行也」○《正義》曰：云「上正身以率下」者，此依孔傳也。《論語》孔子對季康子曰：「子率以正，孰敢不正？」又曰：「其身正，不令而行。」是「正其身」之義也。云「下順上而法之」者，言正其身以率下，則下人皆從之，無不法。云「則德教成，政令行也」者，言風化當如此也。

補「君臨其民」，「民」誤「居」，今據閩本、監本、毛本改。

「言者心之聲也」，「心」誤「意」，今據閩本、監本、毛本改。

「道謂陳説也」，「謂」誤「者」，「説」誤「悦」，今據閩本、監本、毛本改。

「云立德行義」，「云」誤「此」，今據《正誤》改。

「云制作事業」，「云」誤「知」，「作」誤「云」，今據閩本、監本、毛本改。

「魯徐生善爲容」，《挍勘記》云：「《漢書·儒林傳》『容』作『頌』，案『頌』正字，『容』假借字。」

「云則德教成」，「成」誤「我」，今據閩本、監本、毛本改。

福案：董仲舒《春秋繁露》曰：「衣服容貌者，所以説目也。聲言應對者，所以説耳也。好惡去就者，所以説心也。故君子衣服中而容貌恭，則目説矣；言理應對遜，則耳説矣；好仁厚而惡淺薄，就善人而遠僻鄙，則心説矣。故曰『行思可樂，容止可觀』，此之謂也。」《詩·相鼠》箋謂「止」，即《孝經》「容止」。

《詩》云：『淑人君子，其儀不忒。』」注 淑，善也。忒，差也。義取君子威儀不差，爲人法則。

音義 詩云此《詩·曹風·鳲鳩》之篇語。淑人常六反。其儀字從人。不忒他得反，差也。

補 「淑，善也。忒，差也」，《文選·王元長〈永明十一年策秀才文〉》注引鄭注曰：「忒，差也。」臧氏按：「《釋文》曰：『忒，差也。』本注。」

疏 「詩云」至「不忒」〇《正義》曰：夫子述君子之德既畢，乃引《曹風·鳲鳩》之詩，以贊美之。言善人君子，威儀不差失也。㊟「淑善」至「法則」〇《正義》曰：云「淑，善也。忒，差也」者，此依鄭注也。「淑，善」，《釋詁》文。《釋言》云：「爽，差也。爽，忒也。」轉互相訓，故「忒」得爲「差」也。云「義取君子威儀不差，爲人法則」者，亦言引《詩》大意如此也。

補《揅經室集・威儀説》云：「晉、唐人言性命者，欲推之於身心最先之天。商、周人言性命者，祇範之於容貌最近之地，所謂威儀也。《春秋左傳・襄公三十一年》：『衛北宫文子見令尹圍之威儀，言於衛侯曰：「令尹似君矣，將有他志。雖獲其志，不能終也。《詩》云：『靡不有初，鮮克有終。』終之實難，令尹其將不免。」公曰：「子何以知之？」對曰：「《詩》云：『敬慎威儀，維民之則。』令尹無威儀，民無則焉。民所不則，以在民上，不可以終。」公曰：「善哉！何謂威儀？」對曰：「有威而可畏謂之威，有儀而可象謂之儀。君有君之威儀，其臣畏而愛之，則而象之，故能有其國家，令聞長世。臣有臣之威儀，其下畏而愛之，故能守其官職，保族宜家。順是以下皆如是，是以上下能相固也。《衛詩》曰：『威儀棣棣，不可選也。』言君臣上下，父子兄弟，内外大小，皆有威儀也。《周詩》曰：『朋友攸攝，攝以威儀。』言朋友之道，必相教訓以威儀也。《周書》數文王之德曰：『大國畏其力，小國懷其德。』言畏而愛之也。《詩》云：『不識不知，順帝之則。』言則而象之也。紂囚文王七年，諸侯皆從之囚，紂於是乎懼而歸之，可謂愛之。文王伐崇，再駕而降爲臣，蠻夷帥服，可謂畏之。文王之功，天下誦而歌舞之，可謂則之。文王之行，至今爲法，可謂象之，有威儀也。故君子在位可畏，施舍可愛，進退可度，周旋可則，容止可觀，作事可法，德行可象，聲氣可樂，動作有文，言語有章，以臨其下，謂之有威儀也。」』又《成公十三年》曰：『成子受脤于社，不敬。劉子曰：「吾聞之，民受天地之中以生，所謂命也，是以有動作禮義威儀之則，以定命也。能者養以之福，不能者敗以取禍，是故君子勤禮，小人盡力。勤禮莫如致敬，盡力莫如敦篤。敬在養神，篤在守業。國之大事，在祀與戎。祀有執膰，戎有受脤，神之大節也。今成子惰，弃其命矣，其不反乎？」』觀此二節，其言最爲明顯矣。初未嘗求德行言語性命於虛静不易思索之境也，或左氏之言，少有浮誇乎？試再稽之《尚書》。《書》言『威儀』者二：《顧命》『自亂于威儀』，《酒誥》『用燕喪威儀』。再稽之《詩》。《詩》三百篇中，言『威儀』者十有七：『汎彼柏舟』一見，『賓之初筵』四見，『既醉以酒』兩見，『鳧鷖在涇』一見，『民亦勞止』一見，『上帝板板』一見，『抑抑威儀』三見，『天生蒸民』一見，『瞻仰昊天』一見，『時邁其邦』一見，『思樂泮水』一見。『朋友相攝以威儀』，已見於左氏所引。此外『敬慎威儀，維民之則』『威儀抑抑，德音秩秩』『受福無疆，四方之綱』『抑抑威儀，維德之隅』『敬慎威儀，以近有德』，則皆同乎北宫文子、劉子之説也。威儀者，言行所自出，故曰：『慎爾出話，無不柔嘉。』『淑慎爾止，不愆于儀。』此謂謹慎言行，柔嘉容色之人，即力威儀也。是以仲山甫之德，則『柔嘉維則，令儀令色，小心翼翼，古訓是式，威儀是力』矣。魯侯之德，則『穆穆敬明』，『敬慎威儀，維民之則』矣。成王之德，則『有孝有德』，『四方爲則』，『永永卬卬』，『四方爲綱矣』。且百行莫大於孝，孝不可以情貌言也，然《詩》曰『敬慎威儀，維民之則』『靡有不孝，自求伊祜』矣，又言『威儀孔時，君子有孝子』矣。且力於威儀者，可祈天命之福，故『威儀抑抑』爲『四方之綱』者『受福無疆』也，『威儀反反』者『降福簡簡，福禄來反』也。此能者養以之福也。反是，則『威儀不類』者，『人之云亡』矣，『威儀卒迷』者，『喪亂蔑資』矣。且定命即所以保性，《卷阿》之詩言性者三，而繼之曰『如圭如璋，令聞令望』『四方爲綱』，此亦即《假樂〔一〕》威儀爲四方綱之義也。凡此威儀，爲德之隅，性命所以各正也。匪特《詩》也，孔子實式威儀定命之古訓矣。故《孝經》曰：『君子言思可道，行思可樂，德義可尊，作事可法，容止可觀，進退可度，以臨其民。是以其民畏而愛之，則而象之。故能成其德教，而行其政令。《詩》云：「淑人君子，其儀不忒。」』《論語》曰：『君子不重則不威，學則不固。』此與《詩》《左傳》之大義，無豪氂之差。孔子之

〔一〕「假樂」原作「鳧鷖」，據《揅經室集》改。

言，似未嘗推德行言語性命於虛静不易思索之地也。」

福謂：家大人此說，最爲明顯周備，實孔子授曾子「其儀不忒」之義。家大人又曰：「此章兩言『政』字，《論語》引《書》云：『孝乎〔一〕惟孝，友于兄弟，施于有政。』此『政』必從孝友而施，即孔子《孝經》之所由來，猶之《詩》云『民之秉彝，好是懿德』爲孟子性善所由來。孔孟之學，未有不本之《詩》《書》者也。」

福又案：《禮記·檀弓》曰：「季孫之母死，哀公弔焉。曾子與子貢弔焉，閽人謂君在，弗内也。曾子與子貢入於其廐而修容焉。子貢先入，閽人曰：『鄉者已告矣。』曾子後入，閽人辟之。涉内霤，卿大夫皆辟位，公降一等而揖之。君子言之曰：『盡飾之道，斯其行者遠矣。』」此曾子受孔子「容止可觀」之訓，而力威儀之證也。故《論語》曾子曰：「君子所貴乎道者三：動容貌，斯遠暴慢矣。正顔色，斯近信矣。出辭氣，斯遠鄙倍矣。」亦曾子傳《孝經》「容止」威儀之義也。

〔一〕「乎」原作「于」，據《論語》《尚書注疏》改。

孝經義疏補

揚州阮福

唐明皇御注　陸德明音義
元行沖疏　宋邢昺校

孝經注疏卷六

紀孝行【音義】下孟反。**章**【疏】《正義》曰：此章紀録孝子事親之行也。前章孝治天下，所施政教，不待嚴肅，自然成理，故君子皆盡事親之心，所以孝行有可紀也，故以名章，次《聖治》之後。或於「孝行」之下，又加「犯法」兩字，今不取也。

【補】「次聖治之後」，「治」誤「人」，今據《挍勘記》案語改。

子曰：孝子之事親也，居則致其敬，【注】平居必盡其敬。養則致其樂，【注】就養能致其懽。病則致其憂，【注】色不滿容，行不正履。喪則致其哀，【注】擗踊哭泣，盡其哀情。祭則致其嚴。【注】齊戒沐浴，明發不寐。五者備矣，然後能事親。**注**五者闕一，則未爲能。

音義也盡津忍反。禮也一本作「盡其敬也」，又一本作「盡其敬禮也」，今本作「居則致其敬」。養羊尚反。則致其樂音洛。病則致其憂疾甚曰病。擗婢亦反。踊羊冢反。泣器立反。齊側皆反，本又作「齋」。必變食敬忌踧子六反。自「必變」至「子六反」，本今無。

補「擗踊哭泣」，石臺本「踊」作「踴」，案《説文》有「踊」無「踴」，今本作「踊」，是也。

「盡禮也」，臧氏按：「上『也』字當衍，注以『盡禮』釋『致敬』。《廣要道章》云：『禮者，敬而已矣。』餘二本非。」

「齊必變食，敬忌踧」，臧氏按：「『踧』下當脱『踖』字。」

疏「子曰」至「事親」〇《正義》曰：「致」猶「盡」也，言爲人子能事其親而稱孝者。謂平常居處在家之時，當須盡其恭敬。若進飲食之時，怡顔悦色，致親之懽。若親之有疾，則冠者不櫛，怒不至詈，盡其憂謹之心。若親喪亡，則攀號毀瘠，終其哀情也。若卒哀之後，當盡其祥練。及春秋祭祀，又當盡其嚴肅。此五者，無限貴賤。有[一]盡能備者，是其

[一]「有」原作「其」，據道光九年刻本、《孝經注疏》泰定本、十行本改。

「能事親」也。㊟「平居必盡其敬」○《正義》曰：此依王注也。「平居」謂平常在家，孝子則須恭敬也。案《禮記・内則》云：「子事父母，雞初鳴，咸盥漱，至於父母之所，敬進甘脆而後退。」又《祭義》曰：「養，可能也。敬爲難。」皆是「盡敬」之義也。㊟「就養能致其懽」○《正義》曰：此依《魏注》也。案《檀弓》曰：「事親有隱而無犯，左右就養無方。」言孝子冬温夏凊，昏定晨省，及進飲食以養父母，皆須盡其敬安之心。不然，則難以致親之懽。㊟「色不」至「正履」○《正義》曰：此依鄭注也。案《禮記・文王世子》云：「王季有不安節，則内豎以告文王。文王色憂，行不能正履。」又下文記古之世子，亦朝夕問於内豎，「其有不安節，世子色憂不滿容」。此注減「憂」「能」二字者，以此章通於貴賤，雖儗人非其倫，亦舉重以明輕之義也。㊟「擗踊」至「哀情」○《正義》曰：此依鄭注也。竝約《喪親章》文，其義具於彼。㊟「齊戒」至「不寐」○《正義》曰：此皆説祭祀嚴敬之事也。案《祭義》曰：「孝子將祭，夫婦齊戒沐浴，盛服奉承而進之。」言將祭必先齊戒沐浴也。又云：「文王之祭也，事死如事生。《詩》云：『明發不寐，有懷二人。』文王之詩也。」鄭注云：「『明發不寐』，謂夜而至旦也。『二人』，謂父母也。」言文王之嚴敬祭祀如此也。㊟「五者」至「爲能」○《正義》曰：此依魏注也。凡爲孝子者，須備此五等事也。五事若闕於一，則未能爲事親也。

補「謂平常居處在家之時，當須盡其恭敬」，今本無「在」字，「之時」下多一「也」字，「其」誤「於」，今據《正誤》增、删、改。

「致親之懽」，「懽」誤「孝」，今據《正誤》改。

「敬進甘脆而後退」，「進」誤「道」，今據石臺本、唐石經、宋熙寧石刻、岳本、閩本、監本、毛本改。

「言孝子冬温夏清」，「清」作「清」，今據閩本、毛本改。

「記古之世子」，「記」誤「此」，今據《正誤》改。

「其有不安節」，「節」誤「止」，今據閩本、監本、毛本改。

「雖儗人非其倫」，「儗」閩本、監本、毛本作「擬」，《挍勘記》：「案，作『儗』是也。」

「亦舉重以明輕之義也」，「亦」誤「以」，今據毛本改。

「其義具於彼」，「具」誤「奥」，今據《正誤》改。

「嚴敬之事也」，「事」誤「子」，今據閩本、監本、毛本改。

「必先齊戒沐浴也」，「沐」誤「沭」，閩本、監本、毛本作「沭」，《挍勘記》：「案，當作

『沐』。沐，水名。」今據此改。

「祭祀如此也」，「祀」誤「事」，今據閩本、監本、毛本改。

福案：《論語·爲政》云：「生，事之以禮。」《孟子》云：「曾子養曾晳，必有酒肉。將徹，必請所與。問有餘，必曰『有』。曾晳死，曾元養曾子，必有酒肉。將徹，不請所與。問有餘，曰『亡矣』，將以復進也。此所謂養口體者也。若曾子，則可謂養志也。」《曾子立孝》篇：「飲食移味，居處温愉。」《大戴禮記·衛將軍文子》篇：「曾子養曾晳，常以皓皓，是以曾晳眉壽。」此即「居則致其敬，養則致其樂」也。漢陸賈《新語·慎微》篇：「曾子孝於父母，昏定辰省，周寒温，適輕重，勉之於糜粥之間，行之於衽席之上，而德美重於後世。」亦此義也。

《禮記·文王世子》云：「文王之爲世子，朝於王季日三。其有不安節，文王色憂，行不能正履。」「武王帥而行之，不敢有加焉。文王有疾，武王不説，冠帶而養。」此即「病則致其憂」也。

《曾子大孝》篇云：「父母既没，以哀祀之。」《立事》篇：「居哀而觀其貞也。」《本孝》篇：「死則哀以莅焉，祭則莅之以敬。」此即「喪則致其哀」也。

《禮記·祭義》云：「祭之日，入室，僾然必有見乎其位。周旋出户，肅然必有聞乎其容聲。出户而聽，愾然必有聞乎其歎息之聲。」又《玉藻》云：「凡祭，容貌顔色如見所祭者。喪容纍纍，色容顛顛，視容瞿瞿梅梅，言容繭繭。」此即「祭則致其嚴」也。

《論語》：「孟懿子問孝。子曰：『無違。』樊遲御，子告之曰：『孟孫問孝於我，我對曰「無違」。』樊遲曰：『何謂也？』子曰：『生，事之以禮。死，葬之以禮，祭之以禮。』」此皆是「五者備矣」之義也。

事親者，居上不驕，注當莊敬以臨下也。爲下不亂，注當恭謹以奉上也。在醜不争。注醜，衆也。争，競也。當和順以從衆也。居上而驕則亡，爲下而亂則刑，在醜而争則兵。注謂以兵刃相加。三者不除，雖日用三牲之養，猶爲不孝也。注三牲，太牢也。孝以不毁爲先，言上三事，皆可亡身，而不除之，雖日致太牢之養，固非孝也。

音義在醜昌九反。不争「争鬭」之「争」，注及下同。不忿芳粉反，下同。争也好呼報反。自「不忿」至「呼報反」，本今無。亂則刑罰音伐。及其身也自「罰」字至「身也」，本今無。雖日用三牲之養羊尚反。後九字本今無。不敢惡烏路反。於人親而文有脱誤。」

補「不敢惡於人親」，臧氏按：「《天子章》『愛親者，不敢惡於人』注當引此以證不孝，可爲撓亂之事。

疏「事親」至「孝也」○《正義》曰：此言居上位者，不可爲驕溢之事。爲臣下者，不可爲撓亂之事。在醜輩之中，不可爲忿争之事。是以居上須去驕，不去則危亡也。爲下須去亂，不去則致刑辟。在醜輩須去争，不去則兵刃或加於身。若三者不除，雖復日日能用三牲之養，終貽父母之憂，猶爲不孝之子也。注「醜，衆也。争，競也」○正義曰：此依魏注也。「醜，衆」，《釋詁》文。《左傳》曰：「師競已甚。」杜預云：「競，猶争也。」故注以「競」釋「争」也。注「謂以兵刃相加」○《正義》曰：此依常義。案《左傳》云：「晉范鞅用劍以帥卒。」杜預曰：「用短兵接敵。」此則刀劍之屬謂之「兵」也，必有刃堪害於人，則《左傳》齊莊公「請自刃於廟」是也。言處儕衆之中，而每事好争競，或有以刃相讐害也。注「三牲」至「非孝也」○正義曰：云「三牲太牢也」者，「三牲」，牛、羊、豕也。案《尚書・召誥》稱：「越翼日戊午，乃社于新邑，牛一，羊一，豕一。」孔云：「用太牢也。」是謂「三牲」爲「太牢」也。云「孝以不毁爲先」者，則首章「不敢毁傷」也。云「言上三事，皆可亡身」者，謂上「居上而驕」「爲下而亂」「在醜而争」之三事，皆可喪亡其身命也。云「而不除之，雖日致太牢之養，固非孝也」者，言奉養雖優，不除驕、亂及争競之事，使親常憂，固非孝也。

補「終貽父母之憂」，「貽」誤「眙」，今據閩本、監本、毛本改。「此則刀劍之屬」，「刀」誤作「刃」，今據《左傳注》改。「皆可亡身者」，「亡」誤「立」，今據閩本、監本、毛本改。

福案：《中庸》：「居上不驕，爲下不倍。」又《大學》：「上恤孤而民不倍。」案倍者，背也，背近亂矣。《論語》曰：「其爲人也孝弟，而好犯上者，鮮矣。不好犯上，而好作亂者，未之有也。」《曾子立事》篇：「庶人日旦思其事，戰戰唯恐刑罰之至也。」《禮記·曲禮》：「在醜夷不争。」此即「居上不驕」「爲下不亂」「在醜不争」之義也。又《史記·孔子世家》正義引《琴操》云：「匡人圍孔子數日，乃和琴而歌，音曲甚哀，於是匡人乃知孔子聖人，自解也。」又案此即「在醜不争」之義，亦即「在醜而争則兵」之反也。《曾子制言下》篇：「不通患而出危邑。」又云：「嚮爾寇盜，則吾與慮。」《孟子·離婁下》：「曾子居武城，有越寇。」「曾子去。」「寇退，曾子反。」又云：「昔沈猶有負芻之禍，從先生者七十人，未有與焉。」孟子謂：「曾子，師也，父兄也。」此亦曾子受孔子「在醜不争」之義，以盡孝道也。《論語》：「子游問孝。子曰：『今之孝者，是謂能養。至於犬馬，皆能有養。不敬，何以別乎？』」此即不驕、不亂、不争，敬謹以養父母之義也。

五刑章

[疏]《正義》曰：此章「五刑之屬三千」，案舜命皋陶云：「汝作士，明于五刑。」又《禮記·服問》云：「罪多而刑五，喪多而服五。」以其服有親疏，罪有輕重也。故以名章，以前章有驕亂忿争之事，言此罪惡，必及刑辟，故此次之。

[補]「禮記服問云」，「服問」誤「問喪」，今據《禮記》改。又「罪多而刑五」「喪多而服五」二句誤倒，今亦改正。

子曰：五刑之屬三千，而罪莫大於不孝。[注]五刑謂墨、劓、剕、宮、大辟也。條有三千，而罪之大者，莫過不孝。**要君者無上，**[注]君者，臣之稟命也。而敢要之，是無上也。**非聖人者無法，**[注]聖人制作禮法，而敢非之，是無法也。**非孝者**

無親，注 善事父母爲孝，而敢非之，是無親也。 此大亂之道也。 注 言人有上三惡，豈惟不孝，乃是大亂之道。

音義 五刑之屬三千墨、劓、剕、宮、大辟，《呂刑》云：「墨罰之屬千，劓罰之屬千，剕罰之屬五百，宮罰之屬三百，大辟之罰，其屬二百。」五刑之屬，都有三千。 科若和反，本今無。 條三千謂劓魚器反，截鼻之刑。 墨刻其額而涅之以墨。 宮割男子割勢，女子宮閇之。《呂刑》及《周禮》竝直作「宮」字，或作「瞎」字，本今無「割」字。 大辟婢亦反，下同。 穿音川。 窬音俞，又音豆。 盜徒到反。 盜從次，次，似延反，口液也，他皆放此。俗作「盗」者，全非。 竊者劓與《周禮注》不同。 劫居業反。 賊傷人者墨義與《周禮》卷下同。 男女不與禮交本或無「交」字者，非。 者宮割《周禮》本無「割」字，見上「宮割」注內。 垣音袁。 牆本或作「廧」，同疾良反。 開人關鬮音「藥」，字或作「籥」、作「鑰」通用，字□□□與《周禮》竝□□同，微異。 手殺人者大辟亦與《周禮註》不同。「大辟」，死刑。自「穿」字至此，本今無。 要一徭反。 君者無上非侮亡肖反。 本今無「侮」字。 聖人者已□□字□今□□□□。 人行者一本作「非孝行」。「行」音下孟反。

補「聖人制作禮法」，「法」誤「樂」，今據石臺本、岳本改。

《釋文校勘記》云：「女子宮閇之『宮』字，或作『瞎』字。 盧本『瞎』作『犗』，云：『「閇」即「閉」之變體，「犗」舊譌「瞎」。「犗」者，去牛羊之勢也，宮刑與相似。 今改正。』臧氏鏞堂云：『當作膳，從肉。』」

「大辟」，盧本作「臏大辟」，云：「舊脱，今補。」顧氏廣圻云：「此誤補也。上注『三千』，下云『墨、劓、刵、宫、大辟』，此注作『刵』不作『臏』之證。」又云：「與《周禮》竝同微異。考《周禮》，經作『刖』，注引《書傳》作『臏』，此其異也。」

「開人關闔音藥或作鑰通用」，葉本「或」字、「用」字下亦空闕。盧本補「者臏」二大字。又注文「竝同」二字脱「同」字。

葉本「大辟」「本今」四字空闕。「已□□字□今□□□□」，葉亦空闕，盧本作「已下十四本字，本今無」，《考證》又云：「此所補未必確。」

「非侮，亡肖反」，盧本「肖」作「甫」，與《孝治章》釋文合。

「人行者」，盧氏文弨云：「『人』上當有『非』字。」「而罪莫大於不孝」，《正義》曰：「舊注及謝安、袁宏、王獻之、殷仲文等，皆以不孝之罪，聖人惡之，云在三千條外。」《周禮·大司徒職》「一曰不孝之刑」，釋曰：「《孝經》不孝不在三千者，深塞逆源，此乃禮之通教。」臧氏按：「賈氏知『《孝經》不孝不在三千者』，據鄭注《孝經》言之也，與《正義》所引舊注合。」

鏞堂謂《正義》所引舊注即鄭解，此其信。

疏「子曰」至「道也」○《正義》曰：「五刑」者，言刑名有五也。「三千」者，言所犯刑條有三千也。所犯雖異，其罪乃同，故言「之屬」以包之。就此三千條中，其不孝之罪尤大，故云「而罪莫大於不孝」也。凡爲人子，當須遵承聖教，以孝事親、以忠事君。君命宜奉而行之，敢要之，是無心遵於上也。聖人垂範，當須法則，今乃非之，是無心法於聖人也。孝者，百行之本，事親爲先，今乃非之，是無心愛其親也。卉木無識，尚感君仁；禽獸無禮，尚知戀親。況在人靈，而敢要君，不孝也。逆亂之道，此爲大焉，故曰「此大亂之道也」。

注「五刑」至「不孝」○《正義》曰：云「五刑謂墨、劓、剕、宫、大辟也」者，此依魏注也。此「五刑」之名，皆《尚書·吕刑》文。孔安國云：「刻其顙而涅之曰墨刑。」顙，額也，謂刻額爲瘡，以墨塞瘡孔，令變色也。墨，一名黥。又云：「截鼻曰劓，刖足曰剕。」《釋言》云：「剕，刖也。」李巡曰：「斷足曰刖是也。」又云：「宫，淫刑也。男子割勢，婦女幽閉，次死之刑。以男子之陰名爲勢，割去其勢，與椓去其陰，事亦同也。婦人幽閉，閉於宫使不得出也。」又云：「大辟，死刑也。」案此五刑之名，見於經傳，唐虞以來，皆有之矣，未知上古起自何時。漢文帝始除肉刑，除墨、劓、剕耳，宫刑猶在。隋開皇之初，始除男子宫刑，婦人幽閉於宫。此五刑之名義，鄭注《周禮·司刑》引《書傳》曰：「決關梁，踰城郭，而略盜者，其刑臏。男女不以義交者，其刑宫。觸易君命，革輿服制度，姦軌盜攘傷人者，其刑劓。非事而事之，出入不以道義，而誦不祥之辭者，其刑墨。降畔寇賊，刼畧奪攘撟虔者，其刑死。」案《説文》云：「髕，膝骨也。」「刖臏」謂斷其膝骨。此注不言「臏」而云「剕」者，據《吕刑》之文也。云「條有三千，而罪之大者，莫過不孝」者，案《周禮·司刑》：「掌五刑之法，以麗萬民之罪。墨罪五百，劓罪五百，宫罪五百，刖罪五百，殺罪五百。」合二千五百。至周穆王，乃命吕侯入爲司寇，令其訓暢夏禹贖刑，增輕削重，依夏之法，條有三千，則周三千之條，首自穆王始也。《吕刑》云：「墨罰之屬千，劓罰之屬千，剕罰之屬五百，宫罰之屬三百，大辟之罰，其屬二百。五刑之屬三千。」言此三千條中，罪之大者，莫有過於不孝也。案舊注説及謝安、袁宏、王獻之、殷仲文等，皆以不孝之罪，聖人惡之，云在三千條外，此失經之意也。案上章云：「三者不除，雖日用三牲之養，猶爲不孝。」此承上不孝之後，而云「三千之罪，莫大於不孝」，是因其事而便言之，本無在外之意。按《檀弓》云：「子弑父，凡在宫者殺無赦。殺其人，壞其室，洿其宫而豬焉。」既云「學斷斯獄」，則明有條可斷也。何者？《易·序卦》稱有天地然後萬物生焉，自屯、蒙至需、訟，即争訟之始也。故聖人法雷電以申威，刑所興其來遠矣。唐虞以上，書傳靡詳。舜命皋陶有五刑，五刑斯著。案《風俗通》曰：「《皋陶謨》是虞時造也。」及周穆王訓夏，李悝師魏，乃著《法經》六篇，而以《盜》《賊》爲首。賊之大者，有惡逆焉，決斷不違時，凡赦不免。又有不孝之罪，竝編十惡之條，前世不忘，後世爲式。而安、宏不孝之罪，不列三千之條中，今不取也。㊟「君者」至「無上也」○《正義》曰：此依孔傳也。按《晉語》云，諸大夫迎悼公，公曰：「孤始願不及此，孤之及此，天也。抑人之有元君，將稟命焉。」明凡爲臣下，皆稟君教命，而敢要以從己，是有無上之心，故非孝子之行也。若臧武仲以防求爲後於魯，晉舅犯及河授璧請亡之類是也。㊟「聖人」至「法也」○《正義》曰：此依孔傳也。聖人規模天下，法則兆民。敢有非毀之者，是無聖人之法也。㊟「善事」至「親也」○《正義》曰：孝爲百行之本，敢有非毀之者，是無親愛之心也。㊟「言人」至「之道」○《正義》曰：言人不忠於君，不法於聖，不愛於親，此皆爲不孝，乃是罪惡之極，故經以「大亂」結之也。

補「尚感君仁」，「仁」誤「政」，今據《正誤》改。

「刻其顙而涅之曰墨」，「刻」誤「割」，今據《挍勘記》案語改。

「與椓去其陰」，《挍勘記》云：「監本、毛本『椓』作『㧻』」。案，《說文》作『斀』，云『去陰之刑也』。《玉篇》作『劅』，云『刑也』。今《書·呂刑》作『椓』，《尚書撰異》作『劅，黥』，云：

『今本「劓」作「椓」，此唐天寶三載衛包所改也。孔訓「劓」爲「椓陰」，衛妄爲「劓」古字，「椓」今字，以「椓」改「劓」。而宋開寶五年又改《釋文》大書「劓」爲「椓」矣。《正義》亦遭天寶後改從衛包，而時有改之未盡者，如卷二引鄭本《尚書》「劓刵劓剠」，此篇云「劓，椓人陰」，是其證也。』」

「隋開皇之初始除男子宫刑」，《挍勘記》云：「宋王應麟云：『按《通鑑》，西魏大統十三年三月除宫刑，非始於隋。』」

「説文髕膝骨也」，今本「髕」誤「臏」，今據《説文》改。

「刖臏謂斷其膝骨」，「刖」誤「則」，今據閩本、監本、毛本改。

「以麗萬民之罪」，「麗」誤「厲」，今據《挍勘記》案語改。

「條有三千，則周三千之條」，「千則周三」四字，是墨釘未刻，今據閩本、監本、毛本補。

「及河授璧」，「璧」誤「壁」，今據閩本、監本、毛本改。

福案：《吕氏春秋·孝行覽》云：「《商書》曰：『刑三百，罪莫重於不孝。』」高氏注：「商湯所制法也。」宋王氏《困學紀聞》注：「三百商之刑，三千周之刑，其繁簡可見。」福案：此非繁簡也。三百者其綱，三千者其目，但舉大數，如言詩三百、禮儀三百、曲禮三千耳，非于三千之數一條不多一條不少，不必臆湊也。

《說文》曰：「𠫓，不順忽出也，从到子。《易》曰：『突如，其來如。』不孝子出，不容於內也。」「𠫓」即《易》「突」字也。福謂：「到子」即「倒子」，不孝不順爲「突」。《易》曰「突如，其來如」，蓋謂不孝非常有之事，故《說文》曰「不順忽出」。既有其事，則必處之以刑，故曰「焚如，死如，棄如」，此誠大亂之道。所以五刑之罪，莫大於不孝焉。又案《周禮·掌戮》云：「凡殺其親者，焚之。」《前漢書·匈奴傳》云「王莽作焚如之刑」，「應劭曰：『《易》有「焚如，死如，棄如」之言，莽依此作刑也。』如淳曰：『「焚如，死如，棄如」者，謂不孝子也。不畜於父母，不容於朋友，故燒殺之。莽依此作刑也。』」惠氏定宇《易經古義》引鄭康成曰：「震爲長子，爻失正，不知其所如。不孝之罪，五刑莫大焉。得用議貴之辟刑，若如所犯之罪。焚如，殺其親之刑。死如，殺人之刑也。棄如，流宥之刑也。」家大人云：「志在《春秋》，爲弑君父者，嚴刑法也。行在《孝經》，爲事君父者，率性道也。《文言》曰：『非一朝一夕之故，其所由來者漸矣。』此《易》教兼《春秋》《孝經》言之也。」

廣要道章

疏《正義》曰：前章明不孝之惡，罪之大者，及要君、非聖人，此乃禮教不容。廣宣要道以教化之，則能變而爲善也。首章畧云至德要道之事，而未詳悉，所以於此申而演之，皆云廣也，故以名章，次《五刑》之後。要道先於至德者，謂以要道施化，化行而後德彰，亦明道德相成，所以互爲先後也。

補「故以名章」，「名」誤「右」，今據閩本、監本、毛本改。「化行而後德彰」，「德」誤「徧」，今據《正誤》改。

子曰：教民親愛，莫善於孝。教民禮順，莫善於弟。注 言教人親愛禮順，無加於孝悌也。移風易俗，莫善於樂。注 風俗移易，先入樂聲。變隨人心，正由君德。正之與變，因樂而彰。故曰「莫善於樂」。安上治民，莫善於禮。注 禮所以正君臣父子之別，明男女長幼之序，故可以安上化下也。

音義 莫善於弟本亦作「悌」，同大計反。人行之下孟反。次也樂感人情者也惡烏路反。鄭聲之亂樂也上好呼報反。禮則民易以豉反。使也

補「莫善於弟」，「弟」作「悌」，今據鄭注本改。臧氏按：「《釋文》『孝悌』字，有『弟』

『悌』二本，而陸必以『弟』爲正。如《廣要道章》《廣揚名章》經、《三才章》注，今皆作『弟』者，因陸云『本亦作悌』，淺人不得擅改也。如《開宗明義章》注、《感應章》經，陸無『本亦作悌』之言，後人悉改爲『悌』矣。」

「鄭聲之亂樂也」，臧氏按：「《論語》作『亂雅樂』。」

「上好禮則民易使也」，臧氏曰：「按此及上注皆引《論語》文，《論語》《孝經》相應。」

【疏】「子曰」至「於禮」○《正義》曰：此夫子述「廣要道」之義。言君欲教民親於君而愛之者，莫善於身自行孝也。君能行孝，則民效之，皆親愛其君。欲教民禮於長而順之者，莫善於身自行悌也。人君行悌，則人效之，皆以禮順從其長也。欲移易風俗之弊敗者，莫善於聽樂而正之。欲身安於上、民治於下者，莫善於行禮以帥之。【注】「言教」至「悌也」○《正義》曰：言欲民親愛於君，禮順於長者，莫善君身自行孝悌之善也。【注】「風俗」至「於樂」○《正義》曰：云「風俗移易，先入樂聲」者，子夏《詩序》云：「風，風也，教也。風以動之，教以化之。」韋昭曰：「人之性繫於大人。大人風聲，故謂之風。隨其趨舍之情欲，故謂之俗。」《詩序》又曰：「至於王道衰，禮義廢，政教失，國異政，家殊俗，而變風變雅作矣。」是「入樂聲」之義也。云「變隨人心，正由君德」者，《詩序》又曰：「國史明乎得失之迹，傷人倫之廢，哀刑政之苛，吟咏情性，以風其上。』」「故變風發乎情，止乎禮義。發乎情，民之性也。止乎禮義，先王之澤也。」以斯言之，則知樂者本於情性，聲者因乎政教。政教失則人情壞，人情壞則樂聲移，是「變隨人心」也。國史明之，遂吟以風上也。受其風上而明其失，乃行禮義以正之，教化以美之。上政既和，人情自治，是「正由君德」也。云「正之與變，因樂而彰，故曰『莫善於樂』」者，《詩序》又曰：「治世之音安以樂，其政和。亂世之音怨以怒，其政乖。亡國之音哀以思，其民困。」又《尚書・益稷》篇：「舜曰：『予欲聞六律五聲八音，在治忽。』」孔安國云：「在察天下治理，及忽怠者，皆是因樂而彰也。」案《禮記》云：「大樂與天地同和。」則自生人以來，皆有樂性也。《世本》曰：「伏羲造琴瑟。」則其樂器漸於伏羲也。史籍皆言，黃帝樂曰「雲門」，顓頊曰「六英」，帝嚳曰「五莖」，堯曰「咸池」，舜曰「大韶」，禹曰「大夏」，湯曰「大濩」，武曰「大武」，則樂之聲節，起自黃帝也。㊟「禮所」至「下也」○《正義》曰：云「禮所以正君臣父子之別，明男女長幼之序」者，此依魏注也，《禮記》云「非禮無以辨君臣上下長幼之位，非禮無以別男女父子兄弟之親」是也。云「故可以安上化下也」者，釋「安上治民」也。《樂記》云：「禮殊事而合敬，樂異文而合愛。」敬愛之極，是謂要道。神而明之，是謂至德。故必由斯人以弘斯教，而後禮樂興焉，政令行焉。以盛德之訓，傳於樂聲，則感人深，而風俗移易。以盛德之化，措諸禮容，則悦者衆，而名教著明。蘊乎其樂，章乎其禮，故相待而成矣。然則《韶》樂存於齊，而民不爲之易；周禮備於魯，而君不獲其安，亦政教失其極耳，夫豈禮樂之咎乎？

補「此夫子述廣要道之義」，「道」字脱，今據《正誤》增。

「莫善於行禮以帥之」，「帥」誤「師」，今據閩本、監本、毛本改。

「隨其趨舍之情欲」，「趨」誤「越」，今據監本、毛本改。

「家殊俗」，「殊」誤「珠」，今據閩本、監本、毛本改。

「傷人倫之廢」，「傷」誤「復」，今據《詩序》改。

「舜曰大韶」，「大」誤「太」，今據監本、毛本改。

「武曰大武」，「武」誤「光」，今據閩本、監本、毛本改。

「則樂之聲節」，「則」誤「於」，今據《正誤》改。

「禮記云」，「記」字脱，今據《正誤》增。

「非禮無以别男女」，「别」誤「辨」，今據《禮記》改。

「樂記云」誤「制百口」；「樂異人而同〔一〕愛」，「文」誤「人」，「同」誤「合」，今據《禮記·樂記》改。

「敬愛之極」，「敬」誤「教」，今據閩本、監本、毛本改。

「故必由斯人以弘斯教」，「教」誤「敬」，今據《正誤》改。

福案：《禮記·經解》引《孝經》「安上治民，莫善於禮」二句，以證隆禮有方諸説。然則《經解》此節，皆《孝經》此二句大義也，《史記·主父偃傳》亦引此二句矣。又《樂記》云：「樂也者，聖人之所樂也，而可以善民心。其感人深，其移風易俗，故先王著其教焉。」此即是「教民孝弟禮樂」之本義也。班固《白虎通·禮樂》篇曰：「王者所以盛禮樂何？節文之喜怒。樂以象天，禮以法地。人無不含天地之氣，有五常之性者。故樂所以蕩滌，反其邪惡也；禮所以防淫佚，節其侈靡也。故《孝經》曰：『安上治民，莫善於禮。』『移風易俗，莫善於樂。』」

禮者，敬而已矣。注敬者，禮之本也。故敬其父則子説，敬其兄則弟

〔一〕「合」原作「同」，據文意改。

說，敬其君則臣說，敬一人而千萬人說。【注】居上敬下，盡得懽心，故曰「悅」也。所敬者寡，而說者衆，此之謂要道也。

【音義】則子說音悅，注及下皆同。盡津忍反。禮以事自「人行」至「事此」，本今無。此之謂要因妙反，下同。道也

【疏】「禮者」至「道也」○《正義》曰：此承上「莫善於禮」也。言「禮者，敬而已矣」，謂禮主於敬也。又明敬功至廣，是要道也。其要，正以謂天子敬人之父，則其子皆悅；敬人之兄，則其弟皆悅；敬人之君，則其臣皆悅。此皆敬父兄及君一人，則其子弟及臣，千萬人皆悅。故其所敬者寡，而悅者衆。即前章所言「先王有至德要道」者，皆此義之謂也。㊟「敬者，禮之本也」○《正義》曰：此依鄭注也，案《曲禮》曰「毋不敬」是也。㊟「居上」至「悅也」○《正義》曰：云「居上敬下」者，案《尚書·五子之歌》云：「爲人上者，奈何不敬。」謂居上位須敬其下。云「盡得懽心，故曰悅也」者，言得懽心，無所不悅也，案《孝治章》云「故得萬國百姓及人之懽心」是也。舊注云「一人謂父兄君，千萬人謂子弟臣也」者，此依孔傳也。「一人」指受敬之人，則知謂父兄君也。「千萬人」指其喜悅者，則指謂子弟臣也。夫

子弟及臣名，何啻千萬？言「千萬人」者，舉其大數也。

補「又明敬功至廣」，「又」誤「入」，今據閩本、監本、毛本改。「此皆敬父兄」，「敬」誤「故」，今據閩本、監本、毛本改。「則其子弟及臣，千萬人皆悦」，「千」誤「子」，今據毛本改。臧氏按：「《正義》凡五引舊注，其四皆與鄭同，則此亦鄭注也。」

孝經義疏補

揚州阮福

孝經注疏卷七

唐明皇御注　陸德明音義
元行沖疏　宋邢昺校

廣至德章

疏《正義》曰：首章標「至德」之目，此章明「廣至德」之義，故以名章，次《廣要道》之後。

子曰：君子之教以孝也，非家至而日見之也。注言教不必家到户至，日見而語之，但行孝於内，其化自流於外。教以孝，所以敬天下之爲人父者也。教以悌，所以敬天下之爲人兄者也。注舉孝悌以爲教，則天下之爲人子弟者，無不敬其父兄也。教以臣，所以敬天下之爲人君者也。注舉臣道以爲教，則天下之爲人臣者，無不敬其君也。

【音義】而日人實反。語之魚據反。但音誕，皆放此。讀爲檀，非。天子事三老三老，三公致仕。天子兄弟五更音庚。三老五更，謂老人知三德五事者。自「天子」至「事者」，本今無。

【補】「言教不必家到户至」，《校勘記》云：「《正義》曰：『此依鄭注也。』」福案：《文選・庾元規〈讓中書令表〉》「天下之人，何可門到户説」注引：「《孝經》曰：『君子之教以孝，非家至而日見之。』鄭注云：『非門到户至而見之。』」又《任彦昇〈齊竟陵文宣王行狀〉》「不言之化，若門到户説矣」注引：「《孝經》曰：『君子之教以孝，非家至而日見之。』鄭注云：『非門到户至而日見也。』」臧氏按：「《文選注》兩引《孝經》，皆無上下『也』字，疑今本衍。又注『門户』二字，正釋經『家』字，唐注改作『家到』，非。」石臺本「門」改「家」，諸本仍之。

又案《釋文校勘記》：「『天子事三老』，盧本『事』上補『父』字。『天子兄弟五更』，葉本、盧本『弟』皆作『事』，是也。」

【疏】「子曰」至「君者也」〇《正義》曰：此夫子述「廣至德」之義。言聖人君子教人行孝事其親者，非家家悉至而日見之。但教之以孝，則天下之爲人父者，皆得其子之敬也。教之以悌，則天下之爲人兄者，皆得其弟之敬也。教之以臣，則天下之爲人君者，皆得其臣之敬也。㊟「言教」至「於外」〇《正義》曰：此依鄭注也。《祭義》所謂「孝悌發諸朝廷，行乎道路，至乎州巷」，是「流於外」也。㊟「舉孝」至「父兄也」〇《正義》曰：云「舉孝悌以爲教」者，此依王注也。案《禮記・祭義》曰：「祀乎明堂，所以教諸侯之孝也。食三老五更於太學，所以教諸侯之悌也。」此即謂「發諸朝廷，至乎州巷」是也。云「則天下之爲人子弟者，無不敬其父兄也」者，言皆敬也。案舊注用應劭《漢官儀》云：「天子無父，父事三老，兄事五更。」乃以事父事兄，爲教孝悌之禮。案禮，孝敬自有明文，假令天子事三老，蓋同庶人倍年以長之敬，本非教孝子之事，今所不取也。㊟「舉臣」至「君也」〇《正義》曰：此依王注也。案《祭義》云「朝覲所以教諸侯之臣也」者，諸侯，列國之君也，君朝覲於王，則身行臣禮。言聖人制此朝覲之法，本以教諸侯之爲臣也。則諸侯之卿大夫，亦各放象其君，而行事君之禮也。劉炫以爲將教爲臣之道，固須天子身行者，按《禮運》曰：「故先王患禮之不達於下也，故祭帝於郊。」謂郊祭之禮，册祝稱臣，是亦以見「天子以身率下」之義也。

【補】「則天下之爲人君者」，「人」字脱，今據《正誤》補。「至乎州巷」，「州」誤「閭」，今據《禮記》改。案，下作「州里」，亦非，亦改正。

「此依王注也」，「王」誤「玉」，今據閩本、監本、毛本改。

「案禮，孝敬自有明文」，「孝」誤「教」，今據《正誤》改。

「假令天子事三老」，監本、毛本「令」作「今」，非也。

「君朝覲於王」，「君」誤「若」，今據閩本、監本、毛本改。

福案：班固《白虎通·德論號》篇曰：「或稱君子何？道德之稱也。君之爲言羣也。子者，丈夫之通稱也。故《孝經》曰：『君子之教以孝也，所以敬天下之爲人父者也。』」

《詩》云：愷悌君子，民之父母。注愷，樂也。悌，易也。義取君以樂易之道化人，則爲天下蒼生之父母也。非至德，其孰能順民如此其大者乎？

音義《詩》云此《大雅·生民之什·泂酌》之篇語。愷本又作「豈」，同苦在反，樂也。悌本又作「弟」，同徒禮反，一音待亦反。君子

疏「《詩》云」至「者乎」○《正義》曰：夫子既述至德之教已畢，乃引《大雅·泂酌》之詩，以贊美之。「愷，樂也。悌，易也」，言樂易之君子，能順民心，而行教化，乃爲民之父母。若非至德之君，其誰能順民心如此其廣大者乎？孰，誰也。按《禮記·表記》稱：「子

言之：君子所謂仁者，其難乎！《詩》云：『愷悌君子，民之父母。』愷以强教之，悌以説安之。使民有父之尊，有母之親。如此，而後可以爲民父母矣。非至德，其孰能如此乎？」此章於「孰能」下加「順民」，「如此」下加「其大」者，與《表記》爲異，其大意不殊。而皇侃以爲并結《要道》《至德》兩章，或失經旨也。劉炫以爲《詩》美民之父母，證君之行教，未證至德之大，故於《詩》下别起歎辭，所以異於餘章，頗近之矣。㊟「愷樂」至「母也」〇《正義》曰：「愷，樂」「悌，易」，《釋詁》文。云「義取君以樂易之道化人，則爲天下蒼生之父母也」者，亦言引《詩》大意如此。「蒼生」，《尚書》文，謂天下黔首，蒼蒼然衆多之貌也。孔安國以爲蒼蒼然生草木之處，今不取也。

補「乃引大雅泂酌之詩」，「泂」誤「洞」，今據《詩經》改。「詩云愷悌君子」，「愷悌」作「凱弟」，今據閩本、監本、毛本改。「皇侃以爲并結要道至德兩章」，「結」誤「紬」，今據閩本、監本、毛本改。

廣揚名章

疏《正義》曰：首章畧言「揚名」之義而未審，而於此廣之。故以名章，次

《廣至德》之後。

補 「次廣至德之後」，「至德」二字脱，今補。

子曰：君子之事親孝，故忠可移於君；注 以孝事君則忠。事兄弟，故順可移於長；注 以敬事長則順。居家理，故治可移於官。注 君子所居則化，故可移於官也。是以行成於内，而名立於後世矣。注 修上三德於内，名自傳於後代。

音義 兄弟大計反，本作「悌」，下注皆同。故順可移於長丁丈反，注皆同。居家理故治直吏反，注同，讀「居家理故治」絶句。是以行成於内下孟反。

補 「居家理故治可移於官」，家大人云：「《正義》謂先儒以爲『居家理』下闕『故』字，《釋文》讀『故治』絶句，是唐初古本無『故』字，無『故』字是也。此章當讀『故忠』句、『故順』句、『理治』句，三『可移』皆不與上相連，此古讀法也。《正義》謂『君子所居』二句爲鄭注，然則鄭本無『故』字。若有『故』字，當注曰『故治可移於官』，今但曰『故可移於官』，明是鄭注經文，本無『故』字。三『可移』皆不連上讀，皆以四字爲句也。御注始加『故』字，陸氏

《釋文》何以先有『故』字？然則《釋文》内『故』字亦元、邢所加也。又此鄭注引『以孝事君則忠』『以敬事長則順』二句，以注『事親孝故忠』『事兄弟故順』，其文義明，是『故忠』『故順』連上讀。鄭氏注『可移』，或另有言，爲明皇所删矣。」福謂：「故」字，石臺、石經皆已誤增，今姑存之。

「脩上三德於内」，「修」誤「脩」，今據石臺本及此本《正義》標起止改。

「以孝事君則忠」，臧氏按：「《正義》不曰『此依鄭注』者，因欲明此爲《士章》之文，故畧之。據下文注，知此爲依鄭注無疑。」

疏「子曰」至「世矣」○《正義》曰：此夫子述「廣揚名」之義。言君子之事親能孝者，故資孝爲忠，可移孝行以事君也。事兄能悌者，故資悌爲順，可移悌行以事長也。居家能理者，故資治爲政，可移治績以施於官也。是以君子若能以此善行成之於内，則令名立於身没之後也。先儒以爲「居家理」下闕一「故」字，御注加之。注「以孝事君則忠」○《正義》曰：此《士章》之文，義已見於上。注「以敬事長則順」○《正義》曰：此依鄭注也，亦《士章》之文。「敬」「順」義同，已具上釋。然人之行敬，則有輕有重，敬父、敬君則重也，敬兄、敬長則輕也。注「君子」至「官也」○《正義》曰：此依鄭注也。《論語》云：「君子不器。」言無所不施。注「修上」至「後代」〇《正義》曰：此依鄭注也。「三德」則上章云「移孝以事於君」「移悌以事於長」「移理以施於官」也。言此三德不失，則其令名常自傳於後世。經云「立」而注爲「傳」者，「立」謂常有之名，「傳」謂不絕之稱。但能不絕，即是常有之行，故以「傳」釋「立」也。

補「此夫子述廣揚名之義」，「述廣」二字誤倒，今改正。

「可移治績」，「治」誤「於」，今據《正誤》改。

「若能以此善行成之於内」，「若」誤「居」，今據《正誤》改。

「此士章之文」，「士」誤「一」，今據《正誤》改。

「敬順義同」，「順」誤「悌」，今據《校勘記》案語改。

「則其令名常自傳於後世」，「名」誤「今」，今據閩本、監本、毛本改。

「傳謂不絕之稱」，「絕」誤「色」，今據閩本、監本、毛本改。

諫争章

疏《正義》曰：此章言爲臣子之道，若遇君父有失，皆當諫諍也。曾子因聞

「揚名」已上之義，而問子從父之令。夫子以令有善惡，不可盡從，乃爲述諫諍之事，故以名章，次《廣揚名》之後。

補 石臺本、唐石經、岳本「諍」皆作「争」。《挍勘記》案云：「《正義》前後並作『諫争』。經文『争臣』『争友』『争子』，今《白虎通》引並作『諍』，非。」福謂：各本作「争」固是，猶不如本經正文之作「争」更切，今宜據此改。

「曾子因聞揚名已之上義」，「因」諸本作「問」，今據《正誤》改。

曾子曰：「若夫慈愛恭敬，安親揚名，則聞命矣。敢問子從父之令，可謂孝乎？」注 事父有隱無犯，又敬不違，故疑而問之。

音義 若夫音符。 慈愛恭敬敢問子從父之令力政反，下及注皆同。

疏 「曾子」至「孝乎」○《正義》曰：前章以來，唯論愛敬及安親之事，未説規諫之道。故又假曾子之問曰：「若夫慈愛恭敬，安親揚名，則已聞命矣。敢問子從父之教令，亦可謂之孝乎？」疑而問之，故稱「乎」也。尋上所陳，唯言敬愛，未及慈恭，而曾子并言慈恭已聞命矣者，皇侃以爲「上陳愛敬，則包於慈恭矣。慈者孜孜，愛者念惜，恭者貌多心少，敬者心多貌少」，如侃之説，則慈恭、愛敬之别，何故云「包慈恭」也？或曰：「慈者接下之别名，愛者奉上之通稱。」劉炫引《禮記·内則》説「子事父母『慈以旨甘』」，《喪服四制》云高宗『慈良於喪』，《莊子》曰『事親則孝慈』，此竝施於事上。夫愛出於内，慈爲愛體；敬生於心，恭爲敬貌。此經悉陳事親之迹，寧有接下之文？夫子據心而爲言，所以唯稱愛敬；曾參體貌而兼取，所以并舉慈恭」。如劉炫此言，則知慈是愛親也，恭是敬親也。「安親」，則上章云「故生則親安之」。「揚名」，即上章云「揚名於後世矣」。經稱「夫」有六焉，蓋發言之端也。一曰「夫孝，始於事親」，二曰「夫孝，德之本」，三曰「夫孝，天之經」，四曰「夫然，故生則親安之」，五曰「夫聖人之德」。此章云「若夫慈愛」，竝卻明前理，而下有其趣，故言「夫」以起之。劉瓛曰：「夫猶凡也。」㊟「事父」至「問之」○《正義》曰：《禮記·檀弓》云：「事親有隱而無犯。」以經云「從父之令」，故注變「親」爲「父」。按《論語》云：「事父母幾諫，見志不從，又敬不違。」引此二文以成疑，疏證曾子有可問之端也。

補 福謂：子孝親，亦曰「慈」，「慈愛」即孝愛也。故《曾子大孝》篇曰「慈愛忘勞」，即曾子傳《孝經》之義。王氏引之《經義述聞》歷引《孟子》「孝子慈孫」、《齊語》「慈孝於父母」、《謚法解》「慈惠愛親曰孝」以證之，是也。

子曰：「是何言與？是何言與？注有非而從，成父不義，理所不可，故再言之。昔者，天子有争臣七人，雖無道不失其天下。諸侯有争臣五人，雖無道不失其國。大夫有争臣三人，雖無道不失其家。注降殺以兩，尊之差。争謂諫也。言雖無道，爲有争臣，則終不至失天下、亡家國也。士有争友，則身不離於令名。注令，善也。益者三友。言受忠告，故不失其善名。父有争子，則身不陷於不義。注父失則諫，故免陷於不義。故當不義，則子不可以不争於父，臣不可以不争於君。注不争則非忠孝。故當不義則争之，從父之令，又焉得爲孝乎？」

音義是何言歟音餘，下同，本今作「與」。孔子欲見賢遍反。諫諍諍，鬭也，此字從丮，音飢逆反，兩丮相對門也，象門之形而非門，若從門者，非，他皆放此。二士對戟曰鬭。之端自「孔子」至「此」字，本今無。不失天下本或作「不失其天下」，「其」衍字耳。左輔右弼皮密反，本又作「拂」，音同。前疑後丞本亦作「丞」。使不危殆大改反，下同。自「左輔」字至此，本今無。則身離力智反。於令名陷陷没也，陷從爪，非，下同。於不義又焉

於虔反，注同。得爲孝乎

補「成父不義」，「父不」二字誤「或之」，今據石臺本、岳本、閩本、監本、毛本改。

「不失其天下」，《挍勘記》云：「石臺本無『其』字，《釋文》同。案《正義》本無『其』字。《漢書・霍光傳》云：『聞天子有争臣七人，雖無道，不失天下。』陸德明云：『或作「不失其天下」。「其」字衍耳。』」

「前疑後丞」，盧本「丞」作「承」，是也。

「則身離」，《挍經録》云：「『身』下脱『不』字。」顧氏廣圻云：「《釋文》無『不』字。音離，爲力智反，最是。離，麗也。《毛詩》曰『不離于裹』，《正義》謂之『離歷』，即《魚麗》詩傳之『麗歷』也。」

「則身不陷於不義」，「陷」誤「陷」，閩本作「陷」，注及《正義》同，石臺本、唐石經、宋熙寧石刻、岳本、監本、毛本亦皆作「陷」，今據諸本改。

福謂：「則身不離於令名」，經文、石臺、開成石經、唐注皆有「不」字，是也，獨此《釋文》無「不」字，偶脱耳。其「力智反」，亦可訓爲分離也。此經文前曰「不失其天下」「不失其國」「不失其家」，後有「不陷於不義」，則此中一句，必當曰「不離於令名」方合。詳見《諸侯章》「富貴不離」補義下。

疏「子曰」至「孝乎」○《正義》曰：夫子以曾參所問於理乖僻，非諫争之義，因乃誚而荅之曰：「汝之此問，是何言與？」再言之者，明其深不可也。既誚之後，乃爲曾子説必須諫諍之事。言臣之諫君、子之諫父，自古攸然。故言昔者天子治天下，有諫争之臣七人，雖復無道，昧於政[一]教，不至失於天下。言「無道」者，謂無道德。諸侯有諫争之臣五人，雖無道亦不失其國也。大夫有諫争之臣三人，雖無道亦不失於其家。士有諫争之友，則其身不離遠於善名也。父有諫争之子，則身不陷於不義。故君、父有不義之事，凡爲臣、子者，不可以不諫争。以此之故，當不義則須諫之。又結此以荅曾子曰：「今若每事從父之令，又焉得爲孝乎？」言不得也。按曾子唯問從父之令，不指當時，而言「昔者」，皇侃云：「夫子述《孝經》之時，當周亂衰之代，無此諫争之臣，故言『昔者』也。」不言「先王」，而言「天子」者，諸稱「先王」，皆指聖德之主，此言「無道」，所以不稱「先王」也。注「有非」至「不義」○《正義》曰：言父有非，子從而行，不諫，是成父之不義。云「理所不可，故稱言

〔一〕「政」原作「正」，據道光九年刻本、《孝經注疏》泰定本、十行本改。

之」者，義見於上。注「降殺」至「國也」○《正義》曰：《左傳》云：「自上以下，降殺以兩，禮也。」謂天子尊，故七人；諸侯卑於天子，降兩，故有五人；大夫卑於諸侯，降兩，故有三人。《論語》云：「信而後諫。」《左傳》云：「伏死而争。」此蓋謂極諫爲争也。若隨無道，人各有心，鬼神乏主，季梁猶在，楚不敢伐，是有争臣不亡其國。舉中而率，則大夫、天子從可知也。不言「國家」，嫌如獨指一國也。「國」則諸侯也，「家」則大夫也。注貴省文，故曰「家國」也。按孔、鄭二注，及先儒所傳，竝引《禮記・文王世子》以解「七人」之義。按《文王世子記》曰：「虞、夏、商、周，有師保，有疑丞，設四輔及三公，不必備，惟其〔二〕人。」又《尚書大傳》曰：「古者天子必有四鄰，前曰疑，後曰丞，左曰輔，右曰弼。天子有問無對，責之疑；可志而不志，責之丞；可正而不正，責之輔；可揚而不揚，責之弼。其爵視卿，其祿視次國之君。」《大傳》「四鄰」則記之「四輔」，兼「三公」，以充七人之數。諸侯五者，孔傳指天子所命之孤，及三卿與上大夫。王肅指三卿、內史、外史，以充五人之數。大夫三者，孔傳指家相、宗老、側室，以充三人之數。王肅無側室，而謂邑宰。斯竝以意解說，恐非經

〔二〕「其」原作「七」，據道光九年刻本、《孝經注疏》改。

義。劉炫云：「案下文云『子不可以不争於父，臣不可以不争於君』，則爲子爲臣，皆當諫争，豈獨大臣當争，小臣不争乎？豈獨長子當争其父，衆子不争者乎？若父有十子，皆得諫争，王有百辟，惟許七人，是天子之佐，乃少於匹夫也。又按《洛誥》云，成王謂周公曰：『誕保文武受命，亂爲四輔。』《冏命》穆王命伯冏：『惟予一人無良，實賴左右前後有位之士，匡其不及。』據此而言，則左右前後，四輔之謂也。疑、丞、輔、弼，當指於諸臣，非是別立官也。」謹按《周禮》不列疑、丞，《周官》歷敘羣司，《顧命》總名卿士，《左傳》云「龍師」「鳥紀」，《曲禮》云「五官」「六大」，無言疑、丞、輔、弼專掌諫争者。若使爵視於卿，禄比次國，《周禮》何以不載，經傳何以無文？且伏生《大傳》以「四輔」解爲「四鄰」，孔注《尚書》以「四鄰」爲前後左右之臣，而不爲疑、丞、輔、弼，安得又采其説也？《左傳》稱：「昔周辛甲之爲太史也，命百官官箴王闕。」師曠説匡諫之事：「史爲書，瞽爲詩，工誦箴諫，大夫規誨，士傳言。」「官師相規，工執藝事以諫。」此則凡在人臣，皆合諫也。夫子言天子有天下之廣，七人則足，以見諫争功之大，故舉少以言之也。然父有争子，士有争友，雖無定數，要一人爲率。自下而上稍增二人，則從上而下，當如禮之降殺，故舉七、五、三人也。劉炫之讜義，雜合通途。何者？傳載忠言比於藥石，逆耳苦口，隨要而施。若指不備之員，以匡無道之主，欲求不失，其可得乎？先儒所論，今不取也。㊟「令善」至「善名」〇《正義》曰：云「令，善也」者，《釋詁》文。云「益者三友」者，《論語》文，即「友直、友諒、友多聞，益矣」是也。云「言受忠告，故不失其善名」者，《論語》云：「子貢問友。子曰：『忠告而善道之。』」言善名，爲受忠告而後成也。大夫以上皆云「不失」，士獨云「不離」，不離即不失也。㊟「父失」至「不義」〇《正義》曰：此依鄭注也。按《内則》云：「父母有過，下氣怡色，柔聲以諫。諫若不入，起敬起孝，説則復諫。」《曲禮》曰：「子之事親也，三諫而不聽，則號泣而隨之。」言父有非，故須諫之以正道，庶免陷於不義也。

補「非諫争之義」，「非」誤「陳」，今據《正誤》改。

「鬼神乏主」，「乏」誤「之」，今據《左傳》改。

「則記之四輔」，「記」誤「見」，今據《正誤》改。

「孔傳指家相宗老側室」，「相」誤「祖」，今據閩本、監本、毛本改；「宗」誤「室」，今據盧氏文弨校本改。

「冏命」，「冏」誤「商」，今據《尚書》改。

「總名卿士」，「士」誤「七」，今據監本、毛本改。

「左傳稱昔周辛甲父之爲太史也」，「辛甲」誤「主申」，今據《左傳》改。

「瞽爲詩」，「瞽」誤「鼓」，今據閩本、監本、毛本改。

「以匡無道之主」，「匡」誤「寶」，今據閩本、監本、毛本改。

福案：漢班固《白虎通・諫諍》篇曰：「諫諍，臣所以有諫君之義何？盡忠納誠也。『愛之能勿勞乎？忠焉能勿誨乎？』《孝經》曰：『天子有諍臣七人，雖無道不失其天下。諸侯有諍臣五人，雖無道不失其國。大夫有諍臣三人，雖無道不失其家。士有諍友，則身不離於令名。父有諍子，則身不陷於不義。』天子置左輔、右弼、前疑、後承，以順。左輔主修政，刺不法。右弼主糾周，言失傾。前疑主糾度，定德經。後承主匡正，常考變。夫四弼興道，率主行仁。夫陽變於七，以三成，故建三公，序四諍，列七人，雖無道不失天下，仗羣賢〔一〕也。」此漢班氏説《孝經》古義也。又案《後漢書・劉瑜傳》引鄭注曰：「七人謂三公及前疑、後承、左輔、右弼。」《荀子・子道》篇云：「入孝出弟，人之小行也。上順下篤，人之中行也。從道不從君，從義不從父，人之大行也。若夫志以禮安，言以類使，則儒道畢

〔一〕「賢」原作「辟」，據《白虎通義》改。

矣，雖舜，不能加毫末於是矣。孝子所以不從命有三：從命則親危，不從命則親安，孝子不從命乃衷。從命則親辱，不從命則親榮，孝子不從命乃義。從命則禽獸，不從命則修飾，孝子不從命乃敬。故可以從而不從，是不子也。未可以從而從，是不衷也。明於從不從之義，而能致恭敬、忠信、端慤以慎行之，則可謂大孝矣。傳曰：『從道不從君，從義不從父。』此之謂也。故勞苦彫萃，而能無失其敬；災禍患難，而能無失其義。則不幸不順見惡，而能無失其愛，非仁人莫能行。《詩》曰：『孝子不匱。』此之謂也。魯哀公問於孔子曰：『子從父命，孝乎？臣從君命，貞乎？』三問，孔子不對。孔子趨出，以語子貢曰：『鄉者君問丘也，曰：「子從父命，孝乎？臣從君命，貞乎？」三問而丘不對，賜以爲何如？』子貢曰：『子從父命，孝矣。臣從君命，貞矣。夫子又奚對焉？』孔子曰：『小人哉！賜不識也。昔萬乘之國，有争臣四人，則封疆不削。千乘之國，有争臣三人，則社稷不危。百乘之家，有争臣二人，則宗廟不毁。父有争子，不行無禮。士有争友，不爲不義。故子從父，奚子孝？臣從君，奚臣貞？審其所以從之之謂孝、之謂貞也。』」又案《禮記・内則》云：「父母有過，下氣怡色，柔聲以諫之。若不入，起敬起孝，説則復諫。」《曾子本孝》篇：「君子之孝也，以正致諫。士之孝也，以德從命。」又云：「故孝子之於親也，生則有義以輔之。」《立孝》篇云：「微諫不倦，聽從不怠，懽欣忠信，咎故不生，可謂孝矣。盡力而無禮，則小人也。致敬而不忠，則不入也。是故禮以將其力，敬以入其忠。」又云：「可人也，吾任其過。不可人也，吾辭其罪。」《大孝》篇云：「君子之所謂孝者，先意承志，諭父母以道。」家大人曰：「諭猶諫也。」又云：「父母有過，諫而不逆。」《事父母》篇云：「父母之行，若中道則從，若不中道則諫。諫而不用，行之如由己。從而不諫，非孝也。諫而不從，亦非孝也。孝子之諫，達善而不敢争辨。争辨者，作亂之所由興也。」《制言中》篇云：「雖諫不受，必忠，曰智。」《論語》：「孟懿子問孝。子曰：『無違。』」此謂無違生事死葬祭之禮，與從父之令有别。班固《白虎通·三綱六紀》篇曰：「父子者，何謂也？父者矩也，以法度教子；子者，孳孳無已也。故《孝經》曰：『父有争子，則身不陷於不義。』」

《舊唐書·禮儀志》：「貞觀十四〔二〕年三月丁丑，太宗幸國子學，親觀釋奠，祭酒孔穎達講《孝經》。太宗問穎達：『夫子門人，曾、閔俱稱大孝，而今獨爲曾説，不爲閔説，何耶？』對曰：『曾孝而全，獨爲曾而達也。』《制旨》駁之曰：『朕聞《家語》云：曾晳使曾參

〔二〕「四」原作「六」，據《舊唐書》改。

鋤瓜，而誤斷其本。曾晳怒，援大杖以擊其背。手仆地，絶而復蘇。孔子聞之，告門人曰：「參來勿内。」既而曾參請焉，孔子曰：「舜之事父母也，使之嘗在側，欲殺之，乃不得，小箠則受，大杖則走。今參於父，委身以待暴怒，陷父於不義，不孝莫大焉。」由斯而言，孰愈於閔子騫也？』潁達不能對。」福案：《家語》乃王肅采小説僞撰，唐太宗據此以疑大賢，惜孔沖遠不知其僞，而不能對也。

孝經義疏補

孝經注疏卷八

揚州阮福

唐明皇御注　陸德明音義
元行沖疏　宋邢昺校

感應章

［音義］本今作「應感章」。

［補］石臺本、唐石經、岳本作「應感」，《正義》前後竝同。今本作「感應」，依鄭注本改，非《正義》本也。

［疏］《正義》曰：此章言「天地明察，神明彰矣」。又云「孝悌之至，通於神明」，皆是應感之事也。前章論諫争之事，言人主若從諫争之善，必能修身慎行，致應感之福，故以名章，次於《諫争》之後。

［補］「孝悌之至」，「至」誤「事」，今據《挍勘記》案語改。

子曰：昔者明王事父孝，故事天明；事母孝，故事地察。注王者，父事天，母事地。言能敬事宗廟，則事天地能明察也。長幼順，故上下治。注君能尊諸父，先諸兄，則長幼之道順，君人之化理。天地明察，神明彰矣。注事天地能明察，則神感至諴，而降福佑，故曰彰也。

音義盡津忍反，下同。孝於父視其常旨反。分符問反。理也此已上字，本全無。長丁丈反，注同。幼順故上下治直吏反，注同。神明章如字，本又作「彰」。矣

補「言能敬事宗廟」，「敬」誤「致」，今據石臺本、岳本、閩本、監本改。「則神感至諴而降福佑」，「諴」誤「誠」，毛本作「諴」，《挍勘記》：「案，陸氏《尚書音義》亦作『諴』，音咸。毛本作『諴』，是也。」

疏「子曰」至「彰矣」〇《正義》曰：此章夫子述明王以孝事父母，能致感應之事。言昔者明聖之王事父能孝，故事天能明，言能明天之道。故《易・説卦》云：「乾爲天，爲父。」此言「事父〔一〕孝，故能事天明」，是事父之道，通於天也。事母能孝，故事地能察，言能

〔一〕「事父」原倒，據《孝經注疏》泰定本、十行本乙。

察地之理。故《説卦》云：「坤爲地，爲母。」此言「事母孝，故事地察」，則是事母之道，通於地也。明王又於宗族長幼之中皆順於禮，則凡在上下之人，皆自化也。又明王之事天地，既能明察，必致福應，則神明之功彰見，謂陰陽和，風雨時，人無疾厲，天下安寧也。經稱「明王」者二焉，一曰「昔者明王之以孝治天下也」，二即此章言「昔者明王事父孝」，俱是聖明之義，與先王爲一也。言「先王」，示及遠也；言「明王」，示聰明也。㊟「王者」至「察也」

○《正義》曰：云「王者父事天母事地」者，此依王注義也。按《白虎通》云：「王者父天母地。」此言「事」者，謂移事父母之孝以事天地也。云「言能敬事宗廟，則事天地能明察也」者，謂烝嘗以時，疏數合禮，是「敬事宗廟」也。既能敬宗廟，則不違犯天地之時。若《祭義》：「曾子曰：『樹木以時伐焉，禽獸以時殺焉。』夫子曰：『斷一樹，殺一獸，不以其時，非孝也。』」又《王制》曰：「獺祭魚，然後虞人入澤梁。豺祭獸，然後田獵。鳩化爲鷹，然後設罻羅。草木零落，然後入山林。昆蟲未蟄，不以火田。」此則令無大小，皆順天地，是「事天地能明察」也。㊟「君能」至「化理」○《正義》曰：此言明王能順長幼之道，則臣下化之而自理也，謂放效於君。《書》曰：「違上所命，從厥攸好。」是效之也。㊟「事天」至「彰也」

○《正義》曰：誠，和也。言事天地，若能明察，則神祇感其至和，而降福應以佑助之，是神明之功章〔一〕見也。《書》云：「至諴感神。」又《瑞應圖》曰：「聖人能順天地，則天降膏露，地出醴泉。」《詩》云：「降福穰穰。」《易》曰：「自天祐之，吉，無不利。」注約諸文以釋之也。按此則「神感至諴〔二〕」，當爲「至諴」，今定本作「至誠」，字之誤也。

補「謂烝嘗以時」，「烝」誤「蒸」，今據浦氏鏜改。

「樹木以時伐焉」，「伐」誤「投」，今據《曾子》正文及閩本、監本、毛本改。

「昆蟲未蟄」，「未」誤「禾」，今據《禮記・王制》正文及閩本、監本、毛本改。

「正義曰諴和也」，「諴」誤「誠」，今據監本、毛本改。

「則神祇感其至和」，閩本、監本「祇」作「祗」，《挍勘記》：「案，『祇』訓『敬』，與『神祇』字別。」

「而降福應」，「而」誤「不」，今據閩本、監本、毛本改。

「至諴感神」，「諴」誤「誠」，今據《書・大禹謨》正文及毛本改。

「當爲至諴」，「諴」誤「誠」，今據毛本改。

〔一〕「章」，《孝經注疏》十行本、北監本、汲古閣本如此，泰定本、阮元本作「彰」。

〔二〕「諴」原作「和」，據《孝經注疏》泰定本、十行本改，北監本、汲古閣本作「和」。

福謂：此章復言王者事天地爲孝，似與《聖治章》重複。此不然，《聖治章》專言周公洛邑明堂配天帝之事。此所引「鎬京」之詩，當是因洛邑大定之後，鎬京常行配天配上帝之祀，而通言成康以後也。故此詩不於《聖治章》引之，而於此引之也。明堂乃周所肇名，此章祀天明，「明」字，即緣明堂起義也。察，《説文》但曰「覆審也，从宀，祭聲」，而未言其从祭之義。《春秋繁露·祭義》：「祭者，察也，以善逮鬼神之謂也。善乃逮不可聞見者，故謂之察。」《尚書大傳》訓同。可見「察」从祭，義生於祭。《孝經》言「天地明察」，「察」即祭之義也。《曾子天員》篇「聖人爲天地主」，家大人注引孔檢討云：「主，祭主也。」謂聖人之德，明察天地，故可爲祭之主，即曾子傳《孝經》之義也。《禮記·中庸》「察乎天地」「言其上下察也」，與《孝經》「明察」之義相近，非有悟理也。《禮記·哀公問》「是故仁人之事親也如事天，事天如事親」注引《孝經》，真康成義也。

故雖天子必有尊也，言有父也；必有先也，言有兄也。注 父謂諸父，兄謂諸兄，皆祖考之胤也。禮，君燕族人，與父兄齒也。

宗廟致敬，不忘親也。注 言能敬事宗廟，則不敢忘其親也。

修身慎行，恐辱先也。注 天子雖無上於天

下，猶修持其身，謹慎其行，恐辱先祖而毀盛業也。宗廟致敬，鬼神著矣。【注】事宗廟能盡敬，則祖考來格，享於克誠，故曰「著」也。孝悌之至，通於神明，光於四海，無所不通。【注】能敬宗廟，順長幼，以極孝悌之心，則志性通於神明，光於四海，故曰「無所不通」。

【音義】事生者易以豉反。故重直用反，又直龍反。其文也自「事生」字至此，本今無。孝悌大計反。之至則重直龍反。譯音亦。來貢公弄反。自「則」字至此，本今無。

【補】福謂：《禮記・祭義》正義引鄭注曰：「謂養老也，父謂君老也。」臧氏按：「『君』爲『三』字之訛，《廣至德章》注謂『天子父事三老，兄事五更』，則此注當有『兄謂五更也』一句。」

【疏】「故雖」至「不通」〇《正義》曰：故者，連上起下之辭。以上文云「事父孝」，又云「事母孝」，又云「長幼順」，所以於此述尊父先兄之義，以及致敬與脩身之道，兼言鬼神之著，孝弟之至，無所不通也。言王者雖貴爲天子，於天下宗廟〔一〕之中，必有所尊之者，謂天

〔一〕「廟」，《孝經注疏》十行本、北監本、汲古閣本同，泰定本、阮元本作「族」。

子有諸父也；必有所先之者，謂天子有諸兄也。宗廟致敬，是不忘其親。脩身慎行，是不辱其祖考。故能致敬於宗廟，則鬼神明著而歆享之。是明王有孝悌之至性，感通神明，則能光於四海，無所不通。然諫争兼有諸侯、大夫，此章惟稱王者，言王能致應感，則諸侯已下，亦當自勉勗也。㊟「父謂」至「齒也」〇《正義》曰：云「父謂諸父，兄謂諸兄」者，父之昆弟，曰伯父、叔父，己之昆曰兄，其屬非一，故言「諸」也。《詩》曰「以速諸父」，又曰「復我諸兄」是也。云「皆祖考之胤也」者，按《曲禮》曰「父死曰考」，言父以上，通謂之祖考。胤，嗣也。謂其廟未毁，其胤皆是王者之族親也。云「禮，君燕族人，與父兄齒也」者，此依孔傳也。按《詩序》：「《角弓》，父兄刺幽王。」蓋謂君之諸父諸兄也。古者，天子祭畢，同姓則留之，謂與族人燕。故《楚茨》詩曰：「諸父兄弟，備言燕私。」鄭箋云：「祭畢，歸賓客之俎，同姓則留與之燕。」是天子燕族人也。又《禮記·文王世子》云：「若公與族燕，則異姓爲賓，膳宰爲主人，公與父兄齒。」則知燕族人，亦以尊卑爲列，齒於父兄之下也。㊟「言能」至「親也」〇《正義》曰：按《禮記·文王世子》稱：「五廟之孫，祖廟未毁，雖爲庶人，冠、取妻必告，死必赴，是不忘親也。」《禮記·大傳》稱：「其不可得變革者，則有矣。親親也，尊尊也，長長也。」「親親故尊祖，尊祖故敬宗，敬宗故收族，收族故宗廟嚴。」言君致敬宗廟，則不敢忘其親也。㊟「天子」至「業也」○《正義》曰：云「天子雖無上於天下」者，此依王注也。《禮記·坊記》云：「天無二日，土無二王，家無二主，尊無二上。」謂普天之下，天子至尊也。云「猶修持其身，謹慎其行，恐辱先祖而毁盛業也」者，按《禮記·祭義》云：「父母既没，慎行其身。」是不辱先也。「盛業」謂先祖積德累功，而有天下之業。上言「必有先也」，先，兄也。此言「恐辱先也」，是先祖也。㊟「事宗」至「著也」○《正義》曰：云「祖考來格」者，《尚書·益稷》文。格，至也。言事宗廟能恭敬，則祖考之神來格。《詩》曰：「神保是格，報以介福。」亦是言神之至。云「享於克誠，故曰著也」者，「享於克誠」，《尚書·太甲》篇文。孔傳云：「言鬼神不係一人，能誠信者則享其祀。」謂「祖考來格」「享於克誠」，皆昭著之義。上言「宗廟致敬」，謂〔一〕天子尊諸父，先諸兄，致敬祖考，不敢忘其親也；此言「宗廟致敬」，述天子致敬宗廟，能感鬼神。雖同稱「致敬」，而各有所屬也。舊注以爲「事生者易，事死者難，聖人慎之，故重其文」，今不取也。上言「神明」，謂天地之神也；此言「鬼神」，謂祖考之神。《易》曰：「陰陽不測之謂神。」先儒釋云：「若就三才相

〔一〕「謂」原作「則」，據道光九年刻本、《孝經注疏》改。

對，則天曰神，地曰祇，人曰鬼。」言天道玄遠難可測，故曰神也。祇者，知也。言地去人近，長育可知，故曰祇也。鬼者，歸也。言人生於無，還歸於無，故曰鬼也，亦謂之神。按《五帝德》云「黄帝死，而民畏其神百年」是也。上言「神明」，尊天地也；此言「鬼神」，尊祖考也。㊟「能敬」至「不通」○《正義》曰：云「能敬宗廟，順長幼，以極孝悌之心」者，敬宗廟爲孝，順長幼爲悌，此極孝悌之心也。云「則至性通於神明，光於四海」者，言至性如此，則通於神明，光於四海。

補「是不辱其祖考」，「辱」誤「忘」，今據閩本、監本、毛本改。

「然諫争兼有諸侯大夫」，「争」誤「議」，今據毛本改。

「謂與族人燕」，「燕」誤「讌」，下文並同，今據閩本、監本、毛本改。《挍勘記》：「案，『燕』乃『宴』之假借字。『讌』，俗字。」

「故楚茨詩曰」，「楚茨」二字誤作一「其」字，今據浦氏鏜所云改。

「祖廟未毁」，「毁」誤「許」，今據閩本、監本、毛本改。

「此依王注也」，「王」誤「正」，今據閩本、監本、毛本改。

「禮記坊記云」，「記」字脱，今補；「坊」作「防」，《挍勘記》：「案，《禮記》作『坊』，『坊』

乃『防』之別體。《廣韻》『坊』下注云『見《禮》』，即指此。」今據此及閩本、監本、毛本改。

「土無二王」，「土」誤「士」，今據閩本、監本、毛本改。

「積德累功」，「累」誤「素」，今據閩本、監本、毛本改。

「陰陽不測之謂神」，「測」誤「則」，今據閩本、監本、毛本改。

「地曰祇」，「祇」誤「祗」，今據閩本、監本改。

「故曰祇也」，「祇」誤「祗」，今據毛本改。

「光於四海者言至性如此」，「者言」誤「故曰」，今據浦氏鏜所云改。

福謂：「光於四海」，「光」即「横」字。《淮南子・原道訓》云：「夫道者，横之而彌於四海。」《尚書》「光被四表」，《漢書》皆作「横被四表」。《曾子大孝》篇：「夫孝置之而塞於天地，衡之而衡於四海。」盧僕射云：「衡猶横也。」據此則「衡」「横」「光」三字義皆同。家大人注釋云：「《孝經》又言『無所不通』，又引《詩・文王有聲》，義皆與此同，則彼『光』字爲『横』字無疑。古『桄』『横』『擴』，皆有『横而充之』之義。戴東原吉士歷舉『光』『横』相通之字，尚遺《孝經》此句也。」

福又謂：「四海」，即《周禮》職方氏所服四夷、八蠻、七閩、九貉、五戎、六狄也。又按

《太平御覽》卷四百十二引《援神契》曰：「孝悌之至，通於神明。病則致其憂，顛頷消形，求醫翼全。」

《詩》云：「自西自東，自南自北，無思不服」。注 義取德教流行，莫不被義從化也。

音義 詩云此《大雅·文王之什·文王有聲》之文。莫不被皮寄反，一本作章移反。本今作「莫不服」。

補「義取德教流行」，「義取」誤「既爲」，今據石臺本、閩本、監本、毛本改。「莫不被義從化也」，「被」今本作「敬」，石臺本、閩本、監本、毛本作「服」。《正義》曰：「此依鄭注也。」《挍勘記》：「案，鄭注本則作『被』，自石臺本改爲『服』，諸本仍之。」福謂：「被義從化」，「被」「從」二字，文義爲對，自當據鄭注本之舊改正爲是。

疏「詩云」至「不服」○《正義》曰：夫子述孝悌之行、愛敬之美既畢，乃引《大雅·文王有聲》之詩以贊美之。自，從也。言從近及遠，至於四方，皆感德化，無有思而不服之者，以明「無所不通」。《詩·文王有聲》云：「鎬京辟雍，自西自東，自南自北，無思不服。」此則「雍」「東」、「北」「服」，對句爲韻。而皇侃云：「先言西者，此是周施德化從西起。所以文王爲西伯，又爲西鄰。自西而東滅紂。」恐非其義也。〔一〕 注「義取」至「化也」○《正義》曰：此依鄭注也。德教流行，則無不通。服義從化，即「無思不服」。言服明王之義，從明王之化也。

補「以明無所不通」，「通」誤「道」，今據閩本、監本、毛本改。

「詩文王有聲云」，誤作「詩今文云」。浦氏鏜云：「『今文』二字衍文。」福謂：浦氏所云固是，但當作「詩文王有聲云」六字爲是。

「德教流行」，諸本「教」作「化」，今依《正誤》改。

福案：《曾子大孝》篇云：「推而放諸東海而準，推而放諸西海而準，推而放諸南海而準，推而放諸北海而準。《詩》云：『自西自東，自南自北，無思不服。』此之謂也。」《曾子》此篇所言「推而放諸四海而準」，即《孝經》此篇「光於四海，無所不通」之義也。《曾子》引此詩，即與《孝經》孔子引此詩同也。此詩言「鎬京辟雍」，「辟雍」即明堂，因與「東」相韻，

〔一〕「先言西者」至「恐非其西也」，十行本、北監本、汲古閣本同，泰定本、阮元本「施」作「詩」、「商」作「滅」、「西」作「義」，則句讀當爲：先言西者，此是周詩，德化从西起，所以文王爲西伯，又爲西鄰，自西而東滅紂。恐非其義也。

故舍明堂而言辟雍。此周公宗祀洛邑之後鎬京，亦推言文王、周公服四海也。此孔子傳曾子大孝要道之顯據。若云道傳一貫，則虚妙難尋矣。

事君章

疏《正義》曰：此章首言「君子之事上」，又言「進思盡忠，退思補過」，皆是事君之道。孔子曰：「天下有道則見，無道則隱。」前章言明王之德，應感之美，天下從化，無思不服，此孝子在朝事君之時也，故以名章，次《感應》之後。

子曰：君子之事上也，注上謂君也。進思盡忠，注進[一]見於君，則思盡忠節。退思補過，注君有過失，則思補益。將順其美，注將，行也。君有美善，則順而行之。匡救其惡，注匡，正也。救，止也。君有過惡，則正而止之。故上下能相親也。注下以忠事上，上以義接下，君臣同德，故能相親。

［一］「進」原作「盡」，據《孝經注疏》泰定本、十行本改。

音義 上陳諫諍争鬭之争。之義畢欲見賢遍反。已上字，本今無。進思盡津忍反。忠死君之難乃旦反。自「死」字至此，本今無。退思補過古禍反。

補 「君子之事上也」，「君」誤「孝」，今據石臺本、唐石經、宋熙寧石刻、岳本、閩本、監本、毛本改。

福案：《文選·曹子建〈三良詩〉》注引《孝經注》「死君之難爲盡忠」。臧氏引《正義》曰：「『舊注韋昭云：「退居私室，則思補其身過。」今云『君有過則思補益』，出《制旨》也。按《正義》所據舊注，皆鄭氏也。此兼引韋昭者，蓋韋與鄭同。《聖治章》『進退可度』，注云『難進而盡忠，易退而補過』，可證鄭注爲『人臣補身過也』。」

疏 「子曰」至「親也」〇《正義》曰：此明賢人君子之事君也。言入朝進見，與謀慮國事，則思盡其忠節；若退朝而歸，常念己之職事，則思補君之過失。其於政[一]化，則當順行君之美道，止正君之過惡。如此則能君臣上下情志通協，能相親也。經稱「君子」有七焉：一曰「君子不貴」，二曰「君子則不然」，三曰「淑人君子」，四曰「君子之教以孝」，五曰

[一] 「政」原作「王」，據《孝經注疏》泰定本、十行本改。

「愷悌君子」。已上皆斷章，指於聖人君子，謂居君位而子下人也。六曰「君子之事親孝」，故此章「君子之事上」，則皆指於賢人君子也。注「上謂君也」〇《正義》曰：此對《論語》云「孝悌而好犯上者鮮矣」，彼「上」謂凡在己上者，此「上」惟指君，故云「上謂君也」。注「進見」至「忠節」〇《正義》曰：此依韋注也。《説文》云：「忠，敬也。」「盡心曰忠。」《字詁》曰：「忠，直也。」《論語》曰：「臣事君以忠。」則忠者，善事君之名也。節，操也。言事君者，敬其職事，直其操行，盡其忠誠也。言臣常思盡其節操，能致身授命也。注「君有」至「補益」〇《正義》曰：按舊注韋昭云：「退居私室，則思補其身過。」以《禮記·少儀》曰：「朝廷曰退，燕遊曰歸。」《左傳》引《詩》曰：「退食自公。」杜預注：「臣自公門而退入私門，無不順禮。」室猶家也，謂退朝理公事畢，而還家之時，則當思慮，以補身之過。故《國語》曰：「士朝而受業，晝而講貫，夕而習復，夜而計過，無憾而後即安。」言若有憾則不能安，是思自補也。按《左傳》：晉荀林父爲楚所敗，歸請死於晉侯，晉侯許之。士渥濁諫曰：「林父之事君也，進思盡忠，退思補過。」晉侯赦之，使復其位。是其義也。文意正與此同，故注依此傳文而釋之。今云「君有過則思補益」，出《制旨》也，義取《詩·大雅·烝民》云：「袞職有闕，惟仲山甫補之。」《毛傳》云：「有袞冕者，君之上服也。『仲山甫補之』，善補過也。」《鄭箋》云：「衮職者，不敢斥王言也。王之職有闕，輒能補之者，仲山甫也。」此理爲勝，故易舊也。㊟「將行」至「行之」○《正義》曰：此依王注也。按孔注《尚書・大誓》云「肅將天威」爲「敬行天罰」，是「將」訓爲「行」也。言君施政教，有美則當順而行之。㊟「匡，正也。救，止也」○《正義》曰：此依王注也。「匡，正」，《釋言》文也。馬融注《論語》云：「救猶止也。」云「君有過惡，則正而止之」者，《尚書》云「予違汝弼，汝無面從」是也。㊟「下以」至「相親」○《正義》曰：此依魏注也。《書》曰：「居上克明，爲下克忠。」是其義也。《左傳》曰：「君義臣行。」如此則能相親也。

[補]「而子下人也」，「子」字脱，今據閩本、監本、毛本補。

「不敢斥王言也」，「斥」誤「作」，今據閩本、監本、毛本改。

「王之職有闕」，「闕」誤「缺」，今據監本、毛本改。

「尚書大誓云」，閩本、監本、毛本作「泰」，《挍勘記》：「案，當作『大』。王應麟《困學紀聞》云：『「泰誓」，古文作「大誓」。晁氏曰：開元間衛包定今文，始作「泰」。』」今據《挍勘記》作「大」。

「匡，正，釋言文也」，「言」誤「詁」，今據《爾雅》改。

「汝無面從是也」，「面」誤「而」，今據閩本、監本、毛本改。

福案：《爾雅·釋言》曰：「將，送也。」《廣雅·釋言》《詩·樛木》「福履將之」箋、《那》「湯孫將之」箋、《烈祖》「我受命溥將」箋，皆云「將猶扶助也」。又《詩·無將大車》箋云：「將猶扶進也。」以此數訓證《孝經》「將順其美」之「將」字，最切。「將順其美」，謂君有美善，爲臣者必當扶助而進送以成之也。

《說文》：「救，止也。」《周禮·地官序官·司救》注：「救猶禁也，以禮防禁人之過者也。」《論語·八佾》「女弗能救與」，集解引馬注云：「救猶止也。」據此則《孝經》「匡救其惡」，言止禁君之惡也。

班固《白虎通·諸侯》篇曰：「臣對天子，亦爲隱乎？然。本諸侯之臣，今來者，爲聘問天子無恙，非爲告君之惡來也。故《孝經》曰：『將順其美，匡救其惡，故上下治，能相親也。』」此漢班氏說《孝經》古義也。

《三國·吴志·張昭傳》：「孫權嘗問衛尉嚴畯：『寧念小時所闇書不？』畯因誦《孝經》『仲尼居』。昭曰：『嚴畯鄙生，臣請爲陛下誦之。』乃誦『君子之事上』，咸以昭爲知所誦。」《舊唐書·高宗本紀》：「貞觀五年，封晉王。七年初，授《孝經》於著作郎蕭德言。太宗問曰：『此書中何言？』對曰：『夫孝，始於事親，中於事君，終於立身。君子之事上，進思盡忠，退思補過，將順其美，匡救其惡。』太宗大悅，曰：『行此，足以事父兄，爲臣子矣。』」

《詩》云：「心乎愛矣，遐不謂矣。中心藏之，何日忘之？」【注】遐，遠也。義取臣心愛君，雖離左右，不謂爲遠。愛君之志，恒藏心中，無日蹔忘也。

【音義】詩云此《小雅・魚藻之什・隰桑》篇語。中本亦作「忠」。心藏之

【補】「中心藏之」，《釋文》云：「本亦作『忠』。」此《正義》本則作「中」。福案：《詩經》亦作「中」，今當作「中」。《曾子大孝》篇云：「忠者，中此者也。」是「中」與「忠」同無疑。

「無日蹔忘也」，岳本「蹔」作「暫」，案《玉篇》「蹔」與「暫」同。

【疏】「詩云」至「忘之」○《正義》曰：夫子述事君之道既已，乃引《小雅・隰桑》之詩以結之。言忠臣事君，雖復有時離遠，不在君之左右，然其心之愛君，不謂爲遠，中心常藏事君之道，何日暫忘之。㊟「遐遠」至「忘也」○《正義》曰：云「遐，遠也。義取臣心愛君，雖離左右，不謂爲遠」者，「遐，遠也」，《釋詁》文。此釋「心乎愛矣，遐不謂矣」。云「愛君之志，恒藏心中，無日暫忘也」者，釋「中心藏之，何日忘之」。按《檀弓》説事君之禮云：「左

右就養有方。」此則臣之事君，有常在左右之義也。若周公出征管叔、蔡叔，召公聽訟於甘棠，是離左右也。

補「雖復有時離遠」，「遠」誤「達」，今據閩本、監本、毛本改。

福案：《詩·隰桑》篇鄭箋云：「遐遠謂勤臧善也。」《禮記·表記》引此詩，「遐」作「瑕」。鄭注云：「瑕之言胡也。」又《南山有臺》曰：「樂只君子，遐不眉壽。」《棫樸》曰：「周王壽考，遐不作人。」「遐不」，皆如言「何不」也。以此證《禮記》「瑕之言胡也」，正合。「胡」即「何」，「瑕」「胡」「何」三字爲轉聲相通之字也。《爾雅·釋詁》曰：「謂，勤也。」《詩·摽有梅》「迨其謂之」箋亦訓爲「勤」。據此則「遐不謂矣」即是「何不勤矣」，且與下文「何日忘之」之「何」字語意相得。《爾雅》「謂，勤也」之訓，非專訓《摽有梅》，亦訓此也。詩人必變「何」字爲「遐」字者，此即家大人所謂「義同字變」之例。《三百篇》中，此例甚多，如「進退維谷」，「谷」即「穀」之變也。鄭箋訓「遐」爲「遠」，未解文同字變之例矣。家大人云：「《詩·緜蠻》『命彼後車，謂之載之』，『謂之』亦『勤之』也，否則與『命』字複。」此益可證此「謂」字當訓「勤」矣。

孝經義疏補

揚州阮福

孝經注疏卷九

唐明皇御注　陸德明音義

元行沖疏　宋邢昺校

喪親章

[疏]《正義》曰：此章首云「孝子之喪親也」，故章中皆論喪親之事。喪，亡也，失也。父母之亡没，謂之喪親，言孝子亡失其親也，故以名章，結之於末矣。

子曰：孝子之喪親也，[注]生事已畢，死事未見，故發此章。哭不偯，[注]氣竭而息，聲不委曲。禮無容，[注]觸地無容。言不文，[注]不爲文飾。服美不安，[注]不安美飾，故服縗麻。聞樂不樂，[注]悲哀在心，故不樂也。食旨不甘，[注]旨，美也。不甘美味，故疏食水飲。此哀慼之情也。[注]謂上六句。三日而食，教民無以死傷生，毁不滅性，此聖人之政也。[注]不食三日，哀毁過情，滅性而死，皆虧孝道。故聖人制禮施教，不令至於殞滅。喪不過三年，示民有終也。注三年之喪，天下達禮。使不肖企及，賢者俯從。夫孝子有終身之憂，聖人以三年爲制者，使人知有終竟之限也。

音義孝子之喪如字，又息浪反。親也死事未見賢遍反。哭苦谷反。不偯於豈反。俗作「哀」，非。《說文》作「㥋」，云「痛聲也」，音同。言不文文，飾也。本或作「聞」，非。不爲趨七須反，字從芻，楚俱反，疾步也。翔行而張拱曰翔，室中不翔；行而張足曰趨，堂上不趨。唯維癸反，又以水反。而不對也去羌吕反。文繡衣於既反。衰七雷反，字或作「縗」，同並義。俗作「衰，色追反」，非也。般也自「趨」字至此，本今無。聞樂如字。不樂音洛。故不樂也音洛。不甞如字。鹹音咸。酸素丸反。禮，三年之喪，食無鹽酸。而食粥之六反，又音育。謂朝一溢米，暮一溢米。自「不甞」至此，本今無。此哀慼七歷反。之情毁瘠情，疾盈反。羸力爲反。瘦，色救反。一本作「病」，又或作「憊」，皮拜反。自「瘠」字至此，本今無。喪不蘇郎反。過三年示神志反。民不肖者企丘豉反。而及之賢者俯音甫。而就之再期本又作「朞」，音同。自「而就之」至此，本今無。

補「故發此章」，「章」誤「事」，今據石臺本、岳本改。《校勘記》：「案，《正義》曰：『説生事之禮已畢，其死事，經則未見，故又發此章以言也。』此本作『事』，非。」

「哭不偯」，陸氏云：「『偯』俗作『哀』，非。《説文》作『㥋』，云『痛聲也』，音同。」臧氏鏞堂云：「《説文》無『偯』字。『哀』從口衣聲，『依』從人衣聲，『依』『偯』聲形皆相近，故誤。陸氏本作『依』，故云『《説文》作「㥠」，音同』；又云『俗作「偯」，非』，以『偯』爲『依』之俗寫也。今『依』既誤『偯』，因改『偯』作『哀』。然必不當有作『哭不哀』者，是可證『哀』爲『偯』之改，『偯』爲『依』之譌矣。」福案：「偯」「㥠」二字，雖是加「口」於「依」字中，加「心」於「依」字下，其義一也，皆從「依」生義也。依者，《尚書·虞書》：「聲依永，律和聲。」《詩·商頌·那》：「依我磬聲。」其訓皆言依循樂聲，以和樂律，有抑揚委曲之義。故《説文》曰：「依，倚也。」今《説文》雖無「偯」字，然「偯」字見於經傳者不止此一處。《禮記·閒傳》「三曲而偯」，元、邢疏已引之矣。更有《雜記》「童子哭不偯」，言童子不知禮節，但知遂聲直哭，不能知哭之當偯不當偯，故云「哭不偯」，正與此處經文「哭不偯」同。又云：「曾申問於曾子曰：『哭父母有常聲乎？』曰：『中路嬰兒失其母焉，何常聲之有？』」鄭注：「言其若小兒亡母啼號，安得常聲乎？」所謂「哭不偯」，以此二證推之，益可知孝子之哭親，悲痛急切之時，自是如童子嬰兒之「哭不偯」，不作委曲之聲。且可見曾子荅曾申之言，實受之孔子，即《孝經》「哭不偯」之義也。所以《閒傳》「大功之哭，三曲而偯」，鄭注云：「斬衰則不偯。」故云「聲不委曲」也。《説文》云：「㥠，痛聲也，从心依聲。《孝經》曰：『哭不㥠。』」

此「㥠」字之義，與「偯」同。《説文》所引《孝經》當是衛宏傳許慎之真古文《孝經》。此「偯」字，臧氏鏞堂謂爲「依」之訛，亦非也。蓋「偯」實有其字，所以《禮記》曾兩見，非獨見於《孝經》。不得以不見於《説文》中，而不背於大經義理者，即爲俗字。如此等字，皆是秦前古字，作「㥠」作「偯」，皆从「依」，無不可也。

「故服縗麻」，陸氏作「縗」字，或作「衰」，岳本同。《校勘記》云：「此《正義》本則作『縗』，按『縗』正字，『衰』假借字。」

「故疏食水飲」，「疏」誤「蔬」，今據石臺本、岳本、閩本、監本改。

「此哀慽[一]之情也」，「慽」作「戚」，石臺本、宋熙寧石刻、岳本、鄭注本皆作「慼」，唐石經此處刓闕。《校勘記》云：「證以下文『而哀慼之』『死事哀慼』，皆作『慼』，則此可知矣。案《説文》作『慽』，从心戚聲。『戚』假借字，『慼』俗字。」今據《説文》改。

「毁不滅性」，「滅」誤「減」，今據石臺本、唐石經、宋熙寧石刻、岳本、閩本、監本、毛本改。

[一]「慽」原作「戚」，據道光九年刻本改。

《釋文挍勘記》云：「『般也』，盧本作『服』。『酸，食無鹽酸』，盧本注文『酸』作『豉』，是也。『而食粥，又音育』，葉本『育』字空闕。『庋』，盧本『庋』作『疫』。」福案：《文選·謝希逸〈宋孝武宣貴妃誄〉》注引《孝經注》「毁瘠羸瘦，孝子有之」。

疏「子曰」至「終也」○《正義》曰：此夫子述喪親之義。言孝子之喪親，哭以氣竭而止，不有餘偯之聲；舉措進退之禮，無趨翔之容；有事應言則言，不爲文飾；服美不以爲安；聞樂不以爲樂；假食美味，不以爲甘。此上六事，皆哀戚之情也。「三日而食」者，聖人設教，無以親死多日不食，傷及生人，雖即毁瘠，不令至於殞滅性命，此聖人所制喪禮之政也。又服喪不過三年，示民有終畢之限也。注「生事」至「此事」○《正義》曰：此依鄭注也。「生事」謂上十七章。説生事之禮已畢，其死事，經則未見，故又發此章以言也。注「氣竭」至「委曲」○《正義》曰：此依鄭注也。《禮記·間傳》曰：「斬衰之哭，若往而不反。齊衰之哭，若往而反。」此注據斬衰而言之，是氣竭而後止息。又曰：「大功之哭，三曲而偯。」鄭注云：「三曲，一舉聲而三折也。偯，聲餘從容也。」是偯爲聲餘委曲也。斬衰則不偯，故云「聲不委曲也」。注「觸地無容」○《正義》曰：此《禮記·問喪》之文也。以其悲哀在心，故形變於外，所以稽顙觸地無容，哀之至也。注「不爲文飾」○《正義》曰：按《喪服四制》云：「三年之喪，君不言。」又云：「不言而事行者，扶而起。言而后事行者，杖而起。」鄭玄云：「『扶而起』，謂天子、諸侯也。『杖而起』，謂大夫士也。」今此經云「言不文」，則是謂臣下也。雖則有言，志在哀慼，不爲文飾也。㊟「不安」至「縗麻」〇《正義》曰：案《論語》孔子責宰我云：「食夫稻，衣夫錦，於女安乎？」「美飾」謂錦繡之類也，故《禮記・問喪》云「身不安美」是也。孝子喪親，心如斬截，爲其不安美飾。故聖人制禮，令服縗麻。縗當心以麤布，長六寸，廣四寸。麻謂〔一〕腰絰、首絰，俱以麻爲之。縗之言摧也，絰之言實也。孝子服之，明其心實摧痛也。韋昭引《書》云：「成王既崩，康王冕服即位。既事畢，反喪服。」據此，則天子、諸侯但定位初喪，是皆服美，故宜不安也。㊟「悲哀」至「樂也」〇《正義》曰：此依鄭注也。言至痛中發，悲哀在心，雖聞樂聲，不爲樂也。㊟「旨美」至「水飲」〇《正義》曰：「旨，美」，經傳常訓也。嚴植之曰：「美食，人之所甘，孝子不以爲甘，故《問喪》云『口不甘味』，是不甘美味也。《閒傳》曰：『父母之喪，既殯，食粥；既虞卒

〔一〕「謂」原作「爲」，據《孝經注疏》泰定本、阮元本改，十行本作「爲」，阮福補云：「『謂』誤『爲』，今據《正誤》改。」然此疏文仍作「爲」，蓋其漏改也。

哭，蔬食水飲，不食菜果。』是蔬食水飲也。」韋昭引《曲禮》云：「有疾則飲酒食肉。」是爲食旨，故宜不甘也。㊟「不食」至「殞滅」○《正義》曰：經云「三日而食，毁不滅性」，注言「不食三日」，即三日不食也。云「哀毁過情」者，是毁瘠過度也。言三日不食，及毁瘠過度，因此二者有致危亡，皆虧孝行之道。《禮記·問喪》云：「親始死，傷腎乾肝焦肺，水漿不入口三日。」又《閒傳》稱「斬衰三日不食」，此云[一]「三日而食」者何？劉炫言三日之後乃食，皆謂滿三日則食也。云「故聖人制禮施教，不令至於殞滅」者，《曲禮》云：「居喪之禮，毁瘠不形。」又曰：「不勝喪，乃比於不慈不孝。」是也。㊟「三年」至「限也」○《正義》曰：云「三年之喪，天下達禮」者，此依鄭注也。《禮記·三年問》云：「夫三年之喪，天下之達喪也。」鄭玄云：「達謂自天子至於庶人。」注與彼同，唯改「喪」爲「禮」耳。云「使不肖企及，賢者俯從」者，案《喪服四制》曰：「此喪之所以三年，賢者不得過，不肖者不得不及。」《檀弓》曰：「先王之制禮也，過之者俯而就之，不至焉者跂而及之也。」注引彼二文，欲舉中爲節也。起踵曰企，俛首曰俯。云「夫孝子有終身之憂，聖人以三年爲制」者，聖人雖以三年

[一]「云」原作「稱」，據道光九年刻本、《孝經注疏》泰定本、阮元本改。

爲文，其實二十五月而畢。故《三年問》云：「將由夫脩飾之君子與？則三年之喪，二十五月而畢。若駟之過隙，然而遂之，則是無窮也。故先王焉爲之立中制節，壹使足以成文理則釋之矣。」是也。《喪服四制》曰：「始死，三日不怠，三月不解，期悲哀，三年憂，恩之殺也。」故孔子云〔一〕：「子生三年，然後免於父母之懷。夫三年之喪，天下之通喪也。」所以喪必三年爲制也。

補「示民有終畢之限也」，「限」誤「終」，今據閩本、監本、毛本改。

「又曰大功之哭」，「又」誤「文」，今據閩本、監本、毛本改。

「哀之至也」，「至」誤「亡」，今據毛本改。

「麻謂腰經首經」，「謂」誤「爲」，今據《正誤》改。

「但定位初喪」，「定位」二字誤倒，今據閩本、監本、毛本改正。

「孝子不以爲甘」，「甘」誤「耳」，今據閩本、監本、毛本改。

「蔬食水飲」，「蔬」誤「疏」，今據毛本改。

〔一〕「云」原作「曰」，據道光九年刻本、《孝經注疏》泰定本、十行本改。

「毁不滅性」，「性」誤「往」；「傷腎乾肝焦肺」，「腎」誤「賢」，今據閩本、監本、毛本改。「將由夫脩飾之君子與」，「由夫」誤「申天」，今據閩本、監本、毛本改。「天下之通喪也」，「通」誤「達」，今據《論語》改。

福案：「哭不偯」「禮無容」「言不文」「服美不安」「聞樂不樂」「食旨不甘」，此指既葬之後，二十七月之中也。若謂是初喪時，本應哀痛之極，又何慮偯容文安樂甘乎？下文「三日而食，教民無以死傷生，毁不滅性」，此方是指初喪之時。此「性」字，即家大人《性命古訓》中「性即命，命即性」之説。此《孝經》謂本當哀毁，若至於滅性，則仍爲不孝。聖人之言「性」字，如俗語所云「生命」也，滅性則傷生短命也。「性」即《孟子》所云「口鼻耳目四肢」也，非指靈明之空理也。《易》曰：「利貞者，性情也。」《孝經》此章，亦以「性情」二字連及言之，曰此哀慼之情也。可見情非哀慼一端，而皆出於性也。

爲之棺槨衣衾而舉之，注 周尸爲棺，周棺爲槨。衣，謂斂衣。衾，被也。舉，謂舉屍内於棺也。陳其簠簋而哀慼之。注 簠簋，祭器也。陳奠素器，而不見親，故哀慼也。擗踴哭泣，哀以送之。注 男踊女擗，祖載送之。卜其宅兆，而安厝之。【注】宅，墓穴也。兆，塋域也。葬事大，故卜之。爲之宗廟，以鬼享之。【注】立廟祔祖之後，則以鬼禮享之。春秋祭祀，以時思之。【注】寒暑變移，益用增感，以時祭祀，展其孝思也。

【音義】爲之棺音官。槨音椁。衣衾其蔭反，注同，舊如字。而舉之衾謂單音丹。一本作「殮」，力贍反。可以亢苦浪反，舉也。尸而起也自「謂單」字至此，本今無。陳其簠音甫。簋音軌。簠、簋俱祭器名。擗婢亦反，字亦作「躃」。踊音勇[一]。哭泣起及反。啼號户高反。竭情也自「啼」字至此，本今無。卜其宅兆兆，卦也，字書皆作「垗」。《廣雅》云：「垗，葬地。」而安厝之七故反，字亦作「措」。爲之宗廟字亦作「庿」。以鬼享之許丈反，又作「饗之」。無遺纖息廉反，正皆放此。也尋繹音亦。天經地義究音救。竟人情也行下孟反。畢孝成自「無遺」字至此，本今無。

【補】「爲之棺椁」，「椁」作「槨」，《挍勘記》：「案，『椁』正字，『槨』俗字。」今據此改。「舉謂舉屍內於棺也」，「屍」，岳本作「尸」，《挍勘記》：「案，『屍』正字。經傳多作『尸』，同音假借也。」

[一]「勇」原作「踴」，據道光九年刻本、《經典釋文》改。

「擗踴哭泣」，「踴」作「踊」，今據石臺本改，注同。案李善注《文選・宋孝武宣貴妃誄》引《孝經》曰「擗踴哭泣」。

「卜其宅兆而安厝之」，「厝」誤「措」，今據《儀禮・士喪禮》引《孝經》此文作「厝」改。《校勘記》：「案，此《正義》本則作『措』字。『厝』『措』義別，而古多通用。」

「立廟祔祖之後」，「祔」誤「柎」，今據監本改。

《釋文校勘記》云：「『卜其宅兆』，字書皆作『垗』，《廣雅》云：垗，葬地。按：一本『雅』誤作『韻』」。

「而安厝之七故反」，葉本「故」誤「政」。

福案：《詩・清廟》正義引《孝經注》云：「宗，尊也。廟，貌也。親雖亡没，事之若生，爲立宮室，四時祭之，若見鬼神之容貌。」又《太平御覽》卷五百二十五引鄭注云：「四時變易，物有成熟，將欲食之，先薦先祖，念之若生，不忘親也。」臧氏以此二則次于「爲之宗廟，以鬼享之。春秋祭祀，以時思之」之下，作〔一〕鄭注也。

〔一〕「作」原作「非」，據道光九年刻本改。

疏「爲之」至「思之」○《正義》曰：此言送終之禮，及三年之後，宗廟祭祀之事也。言孝子送終，須爲棺椁、衣衾也。大斂之時，則用衾而舉尸内於棺中也。陳設簠簋之奠，而加哀戚。葬則男踊女擗，哭泣哀號以送之。親既長依丘壟，故卜選宅兆之地而安置之。既葬之後，則爲宗廟，以鬼神之禮享之。三年之後，感念於親，春秋祭祀，以時思之也。注「周尸」至「棺也」○《正義》曰：云「周尸爲棺，周棺爲椁」者，此依鄭注也。《檀弓》稱：「葬也者，藏也。藏也者，欲人之弗得見也。是故衣足以飾身，棺周於衣，椁周於棺，土周於椁。」注約彼文，故言「周尸爲棺，周棺爲椁」。《白虎通》云：「棺之言完，宜完密也。椁之言廓，謂開廓不使土侵棺也。」《易繫辭》曰：「古之葬者，厚衣之以薪，葬之中野，不封不樹，喪期無數。後世聖人，易之以棺椁。」案《禮記》云：「有虞氏瓦棺，夏后氏堲周，殷人棺椁，周人牆置翣。」則虞夏之時，棺椁之初也。云「衣，謂斂衣〔一〕。衾，被也。舉，謂舉〔二〕尸内於棺也」者，此依孔傳也。衣謂襲與大、小斂之衣也。衾謂單被，覆尸薦尸所用。從初

〔一〕「衣」下原有「也」字，據道光九年刻本、《孝經注疏》泰定本、十行本删。
〔二〕「舉」字原脱，據道光九年刻本、《孝經注疏》泰定本、十行本補。

死至大斂，凡三度加衣也。一是襲也，謂沐尸竟，著衣也。天子十二稱，公九稱，諸侯七稱，大夫五稱，士三稱。襲皆有袍，袍之上又有衣一通。朝祭之服，謂之一稱。二是小斂之衣也，天子至士，皆十九稱，不復用袍，衣皆有絮也。三是大斂也，天子百二十稱，公九十稱，諸侯七十稱，大夫五十稱，士三十稱，衣皆禪袷也。《喪大記》云：「布紟二衾，君、大夫、士一也。」鄭玄云：「二衾者，或覆之，或薦之。」是舉屍所用也。棺椁之數，貴賤不同。皇侃據《檀弓》以天子之棺四重，謂水兕革棺。杝棺一、梓棺二，最在内者水牛皮，次外兕牛皮，各厚三寸，爲一重，合厚六寸。又有杝棺，厚四寸，謂之椑棺，言漆之甓甓然。前三物爲二重，合一尺。外又有梓棺，厚六寸，謂之屬棺，言連屬内外。就前四物爲三重，合厚一尺六寸。外又有梓棺，厚八寸，謂之大棺，言其最大，在衆棺之外。就前五物爲四重，合厚二尺四寸也。上公去水牛皮，則三重，合厚二尺一寸也。侯、伯、子、男又去兕牛皮，則二重，合厚一尺八寸。上大夫又去椑棺，止一重，合厚一尺四寸。下大夫亦一重，但屬四寸，大棺六寸，合厚一尺。士不重，無屬，唯大棺六寸。庶人即棺四寸。案《檀弓》云：「柏椁以端，長六尺。」又《喪大記》曰：「君松椁，大夫柏椁，士雜木椁。」是也。㊟「簠簋」至「慼也」〇《正義》曰：云「簠簋，祭器也」者，《周禮·舍人職》云：「凡祭祀供簠簋，實之陳之。」

是簠簋爲祭器也。故鄭玄云：「方曰簠，圓曰簋，盛黍稷稻粱器。」云「陳奠素器，而不見親，故哀慼也」者，《下檀弓》云：「奠以素器，以生者有哀素之心也。」又案陳簠簋在「衣衾」之下，「哀以送之」上。舊説以喪大斂祭，是「不見親，故哀慼也」。㊟「男踊」至「送之」○《正義》曰：案《問喪》云：「在牀曰尸，在棺曰柩。動尸舉柩，哭踊無數。惻怛之心，痛疾之意。悲哀志懣氣盛，故袒而踊之。婦人不宜袒，故發胷、擊心、爵踊，殷殷田田，如壞牆然。」則是女質不宜極踊，故以擗言之。據此，女既有踊，則男亦有擗，是互文也。云「祖載送之」者，案《既夕禮》柩車遷祖，質明設遷祖奠，日側徹之，乃載。鄭注云：「乃舉柩卻下而載之。」又云商祝飾柩，及陳器訖，乃祖。注云：「還柩鄉外，爲行始。」又《檀弓》云：「曾子弔於負夏，主人既祖。」鄭云：「祖謂移柩車去載處，爲行始。」然則祖，始也。以生人將行而飲酒曰「祖」，故柩車既載而設奠謂之「祖奠」，是「祖載送之」之義也。㊟「宅葬」至「卜之」○《正義》曰：云「宅，墓穴也。兆，塋域也」者，此依孔傳也。案《士喪禮》：「筮，宅。」鄭云：「宅，葬居也。」《詩》云：「臨其穴，惴惴其慄。」鄭云：「穴謂冢壙中也。」故云「宅，墓穴也」。案《周禮》冢人「掌公墓之地，辨其兆域」，則「兆」是塋域也。云「葬事大，故卜之」者，此依鄭注也。孔安國云：「恐其下有伏石涌水泉，復爲市朝之地，故卜之。」是也。㊟「立廟」至「享之」〇《正義》曰：立廟者，即《禮記·祭法》天子至士皆有宗廟，云：「王立七廟，曰考廟，曰王考廟，曰皇考廟，曰顯考廟，曰祖考廟，皆月祭之；遠廟爲〔一〕祧，有二祧，享嘗乃止。諸侯立五廟，曰考廟，曰王考廟，曰皇考廟，皆月祭之；顯考廟，祖考廟，享嘗乃止。大夫立三廟，曰考廟，曰王考廟，曰皇考廟，享嘗乃止。適士二廟，曰考廟，曰王考廟，享嘗乃止。官師一廟，曰考廟。庶士庶人無廟。」斯則立宗廟者，爲能終於事親也。舊解云：宗，尊也。廟，貌也。言祭宗廟，見先祖之尊貌也。故《祭義》曰：「祭之日，入室，僾然必有見乎其位。周還出户，肅然必有聞乎其容聲。出户而聽，愾然必有聞乎其歎息之聲。」是也。「祔祖」，謂以亡者之神祔之於祖也。《檀弓》曰：「卒哭曰成事，是日也，以吉祭易喪祭，明日祔於祖父。」則是卒哭之明日而祔。未卒哭之前，皆喪祭也。既祔之後，則以鬼禮享之。然宗廟謂士以上，則春秋祭祀，兼及庶人也。㊟「寒暑」至「思也」〇《正義》曰：案《祭義》云：「霜露既降，君子履之，必有悽愴之心，非其寒之謂也。春，雨露既濡，君子履之，必有怵惕之心，如將見之。」是也。

〔一〕「爲」原作「有」，據道光九年刻本、《孝經注疏》泰定本、十行本改。

補「須爲棺椁衣衾也」，「衣」誤「存」，今據《挍勘記》改。

「不使土侵棺也」，「土」誤「二」，今據閩本、監本、毛本改。

「布紟二衾」，「紟」誤「給」，今據監本、毛本改。

「謂水兕革棺」，「革」誤「蕡」，今據閩本、監本、毛本改。

「杝棺一」，「杝」誤「地」，今據閩本、監本、毛本改。

「次外兕牛皮」，「牛」誤「生」，今據《正誤》改。

「言漆之甓甓然」，「甓甓」作「椑椑」，今據監本、毛本改。

「柏椁以端，長六尺」，「柏椁」作「栢槨」，今據毛本及《檀弓》改。

「是簠簋爲祭器也」，「祭」字脱，今據《正誤》補。

「盛黍稷稻粱」，「粱」誤「梁」，今據監本、毛本改。

「惻怛之心」，「怛」誤「但」，今據閩本、監本、毛本改。

「故袒而踊之」，「袒」誤「祖」，「踊」誤「誦」，今據閩本、監本、毛本改。

「曾子弔於負夏」，「弔」誤「弟」，今據閩本、監本、毛本改。

「周禮冢人」，「冢」誤「家」，今據《周禮》改。

「諸侯立五廟」，「立」字脱，今據《正誤》補。

「周還出户」，下脱去「肅然必有聞乎其容聲出户而聽」十三字，今據《禮記》補。

「明日祔於祖父」，「於」字脱，今據《正誤》補。

「如將見之是也」，「也」誤「之」，今據閩本、監本、毛本改。

福案：今世俗皆有棺無槨，但今葬法，用灰隔，比古人爲堅。讓槨木之尺寸與石灰隔，更善矣。又今棺不用皮束，而用釘，首大後小。漢以前棺，則正長方，首後皆如一，用釘。何以明之？宋板《列女傳圖》，乃本於漢畫，圖中柳下惠、張湯二棺，皆正長方形，棺蓋周圍凡十二釘。又案《公羊·文公二年傳》何休解詁曰：「主狀正方，穿中央，達四方。天子長尺二寸，諸侯長一尺[一]。」徐彦疏曰：「皆《孝經説》文也。卿大夫以下，正禮無之，故不言之。」

又案《周禮·舍人》鄭[二]注云：「方曰簠，圓曰簋。」《説文》云：「簠，黍稷圜器也。」《積古齋鐘鼎彝器款識》云：「今日驗諸器，知簠多方，而亦有圓者；知簋多圓，而亦有方者。

[一]「尺」原作「寸」，據道光九年刻本、《春秋公羊注疏》改。
[二]「鄭」原作「正」，據道光九年刻本改。

許、鄭之説，可並存也。」

《禮記・問喪》：「故曰：『辟踊哭泣，哀以送之。』」即引《孝經》也，并引「以鬼享之」矣。《莊子・逍遥遊》注〔一〕「又何厝心」，《釋文》云：「『厝』本作『措』。」《論語》「則民無所措手足」，皇疏：「措猶置立也。」又案「厝」「措」二字古通，皆訓爲「置」，可見《孝經》「而安厝之」即「而安置之」，「安厝」即「安葬」，非如今人謂「浮殯爲厝」也。

福外舅許氏周生先生云：「唐虞廟制，書缺有閒。夏五殷六，緯書未可信。周禮雖殘缺，遺説猶存。五廟二祧，畧可考見。五廟者，一祖四親，服止五，廟亦止五。先王制禮有節，仁孝無窮，於親盡之祖，限于禮，不得不毁，而又不忍遽毁。故五廟外建二祧，使親盡者遷焉，行享嘗之禮。由遷而毁，去事有漸，而仁人孝子之心亦庶乎可已。故五廟，禮之正，二祧，仁之至，此周人宗廟之大法也。」此蓋謂古天子亦五廟也，詳見《鑑止水齋集》。

生事愛敬，死事哀慼，生民之本盡矣，死生之義備矣，孝子之事親終矣。**注**憂敬哀慼，孝行之始終也。備陳死生之義，以盡孝子之情。

〔一〕「逍遥遊注」四字本脱，據道光九年刻本補。

【疏】「生事」至「終矣」○《正義》曰：此合結死生之義。言親生，則孝子事之，盡於愛敬；親死，則孝子事之，盡於哀慼。生民之宗本盡矣，生死之義理備矣，孝子之事親終矣。言十八章，具載有此義。㊟「愛敬」至「之情」○《正義》曰：云「愛敬哀慼，孝行之始終也」者，愛敬是孝行之始也，哀慼是孝行之終也。云「備陳死生之義，以盡孝子之情」者，言孝子之情無所不盡也。

【補】「生死之義理備矣」，「生」字脱，今據《正誤》補。

「孝行之始終也者」，「始終」二字誤倒，《校勘記》：「案，當作『始終』。」今據此改。

福案：《大戴禮記・盛德》篇曰：「凡不孝，生於不仁愛也。不仁愛，生於喪祭之禮不明。喪祭之禮，所以教仁愛也。致愛故能致喪祭，春秋祭祀之不絕，致思慕之心也。夫祭祀，致饋養之道也。死且思慕饋養，況於生而存乎？故曰：喪祭之禮明，則民孝矣。故有不孝之獄，則飭喪祭之禮也。」《孟子・萬章》篇曰：「大孝終身慕父母。」《後漢書・陳寵傳》曰：「臣聞之《孝經》，始於愛親，終於哀慼。上自天子，下至庶人，尊卑貴賤，其義一也。」宋王氏《困學紀聞》云：「『孝子之事親終矣』，此言喪祭之終，而孝子之心，昊天罔極，未爲孝之終也。曾子戰兢知免，而易簀得正，猶在其後，信乎終之之難也。」

圖書在版編目(CIP)數據

孝經義疏補 /（清）阮福撰；江曦整理. —上海：上海古籍出版社，2021.2
（孝經文獻叢刊. 第一輯）
ISBN 978－7－5325－9878－6

Ⅰ. ①孝… Ⅱ. ①阮… ②江… Ⅲ. ①家庭道德－中國－古代②《孝經》－注釋 Ⅳ. ①B823.1

中國版本圖書館 CIP 數據核字(2021)第 032668 號

孝經文獻叢刊(第一輯)
曾振宇　江　曦　主編
孝經義疏補
［清］阮福　撰
江曦　整理
上海古籍出版社出版發行
（上海瑞金二路 272 號　郵政編碼 200020）
（1）網址：www.guji.com.cn
（2）E-mail：guji1@guji.com.cn
（3）易文網網址：www.ewen.co
上海展强印刷有限公司印刷
開本 850×1168　1/32　印張 9.875　插頁 5　字數 164,000
2021 年 2 月第 1 版　2021 年 2 月第 1 次印刷
印數：1—1,800
ISBN 978－7－5325－9878－6
G・730　定價：58.00 元
如有質量問題，請與承印公司聯繫
電話：021-66366565